Eckart Pott

Vögel an Bach und Weiher

Mit 91 Farbfotos von M. Danegger (S. 36, 53), J. Diedrich (S. 45), B. Eichhorn/D. Zingel (S. 27), H. Fürst (S. 31, 43), H. Fürst/D. Stahl (S. 34, 49), A. Klees (S. 32, 38, 42, 48), W. Layer (S. 108), A. Limbrunner (S. 39, 41, 106, 115, 118), H. Partsch (S. 50, 80), E. Pott (S. 2/3, 4/5, 28, 29, 56, 57, 60, 62, 63, 64, 65, 66, 68, 69, 70, 71, 72, 74, 76, 77, 78, 79, 84, 87, 91, 97, 104, 105, 107, 109, 110, 111, 117, 119), J. Weber (S. 81, 100, 114), G. Wendl (S. 46, 61, 67, 95, 112), K. Wernicke (S. 25, 30, 51, 73, 82, 86, 90, 101), K. Wothe (S. 40, 55), P. Zeininger (S. 26, 33, 35, 37, 44, 47, 52, 54, 75, 83, 85, 92, 93, 94, 96, 102, 103, 113, 116).
45 Farbzeichnungen und 13 Schwarzweißzeichnungen von Steffen Walentowitz sowie 41 Silhouetten von Steffen Walentowitz und 11 Symbolzeichnungen von Marianne Golte-Bechtle

Franckh'sche Verlagshandlung, W. Keller & Co., Stuttgart / 1988

L 14 Pl / ISBN 3-440-05845-X
Printed in Germany / Imprimé en Allemagne.
Satz: G. Müller, Heilbronn
Reproduktion: Repro GmbH Fellbach
Herstellung: Mairs Graphische Betriebe, Ostfildern

Umschlag von Kaselow-Design, München, unter Verwendung einer Aufnahme von Eckart Pott. Das Bild zeigt einen Kolbenenten-Erpel (*Netta rufina*).

Die Farben der Silhouetten im Vor- und Nachsatz dieses Buches sind ein Hinweis auf die Größe der Vögel (vgl. die farbigen Randgriffleisten).

Das Bild auf den S. 2/3 zeigt einen Stockenten-Erpel (*Anas platyrhynchos*), das Bild auf den S. 4/5 einen Schwarm Lachmöwen (*Larus ridibundus*), das Bild auf S. 25 einen Graureiher (*Ardea cinerea*).

CIP-Titelaufnahme der Deutschen Bibliothek

Pott, Eckart:
Vögel an Bach und Weiher : beobachten u. fotografieren / Eckart Pott. [Mit 45 Farbzeichn. u. 13 Schwarzweißzeichn. von Steffen Walentowitz ... u. 11 Symbolzeichn. von Marianne Golte-Bechtle]. – Stuttgart : Franckh, 1988
(Kosmos-Naturführer)
ISBN 3-440-05845-X

Vögel an Bach und Weiher

Vorwort

Viele heute tätige Biologen würden bei einer Befragung, wie sie denn zu ihrem Fachgebiet gekommen seien, ziemlich sicher angeben, sie wären schon in jungen Jahren draußen in der freien Natur herumgestreift und hätten Vögel beobachtet. Auch ich habe mich bereits während der Schulzeit in die Vogelwelt des heimischen Westfalen eingearbeitet – zunächst in der näheren Umgebung, dann auch in weiter entfernt gelegenen Gebieten. Prägend waren Exkursionen zum Dümmer, diesem unter Ornithologen sehr bekannten norddeutschen Flachsee. Aber in diesem so interessanten Gebiet habe ich auch zusehen müssen, wie die Vogelwelt im Laufe der Jahre immer mehr verarmte. Kampfläufer, Rotschenkel, Uferschnepfe und Brachvogel sind gegenüber früher nur noch in kläglichen Restbeständen erhalten. Dies wiederum ist nicht nur für den Dümmer festzustellen, sondern das ist heute überall in unserem dicht besiedelten Land so. Die „Rote Liste“ ist voll mit Namen von Vogelarten, die intakte Feuchtgebiete brauchen, wenn sie bei uns überleben sollen! Immerhin hat sich das Umweltbewußtsein in unserem Land mittlerweile verändert. Anders als noch vor zehn oder zwanzig Jahren wird die Vernichtung von Natur heute nicht mehr nur von Biologen und Naturschützern wahrgenommen, sondern von breiten Schichten der Bevölkerung. Dies ist um so erfreulicher, als diejenigen, die sich sozusagen von Amts wegen mit Umweltproblemen beschäftigen, früher oft allein der galoppierenden Verarmung unserer ursprünglich so vielfältigen Pflanzen- und Tierwelt gegenüberstanden. Heute finden sie immer mehr Unterstützung. Gemeinsam läßt sich auch wesentlich effektiver an dem Problem arbeiten, sowohl was die wissenschaftlichen Grundlagen, als auch, was die praktische Naturschutzarbeit vor Ort angeht.

Und kaum eine Wissenschaft lebt so stark von dem befruchtenden Miteinander von Laien- und Profi-Forschern wie die Vogelkunde. Viele Forschungsergebnisse der wissenschaftlichen Vogelkunde, der Ornithologie, sind ohne die Mitarbeit von engagierten Vogelfreunden und „Amateur-Ornithologen“ nicht denkbar. Genauso wenig kommt der Vogelschutz ohne die Mithilfe jedes einzelnen aus. Die Beschäftigung mit der Natur ist glücklicherweise heute für viele Menschen ein mit Liebe gepflegtes Hobby. Und darunter ist mancher auch im Natur- und Umweltschutz aktiv geworden. Wenn man sich aber für die Natur einsetzen will, muß man auch entsprechende Kenntnisse haben. Erst dann kann man argumentieren und vor allem auf Abhilfe drängen. Der vorliegende Führer soll also einerseits dem Naturfreund die Vogelwelt der Feuchtgebiete näherbringen, ihn andererseits auch mit der bedrohlichen Situation vertraut machen. Vor allem möchte ich junge Menschen für die Vogelwelt interessieren.

Stuttgart
Dr. Eckart Pott

Zu diesem Buch

Die diesem Naturführer zugrundeliegende Absicht ist zunächst ganz allgemein, den Vogelfreund an die Vogelwelt der feuchten Wiesen, Sümpfe, Moore und der stehenden und fließenden Gewässer in Mitteleuropa heranzuführen. Dabei sollen ihm vor allem entsprechende Grundkenntnisse vermittelt werden. Deshalb werden auch nicht sämtliche Vogelarten aufgeführt, die in Feuchtgebieten anzutreffen sind. Vielmehr wurde eine Auswahl getroffen, so schwer sie auch fiel. Es mußte immerhin berücksichtigt werden, daß viele der vorzustellenden Vogelarten bei uns nicht brüten, sondern nur auf dem Zug – dann aber teilweise in großen Zahlen – erscheinen.
Die schließlich getroffene Auswahl erscheint nun für den Anfänger richtig, weist aber schon ein wenig über Gängiges hinaus. Wer sich auch über die schwer zu beobachtenden oder nur noch ganz selten vorkommenden Vogelarten informieren möchte, der sei hier auf einen Vogelführer verwiesen, der die gesamte europäische Vogelwelt umfaßt. Hinweise darauf finden sich im Literaturverzeichnis am Schluß des Buches.
Die einzelnen Vogelarten wurden dann nach ihrer Größe geordnet. Unter „Größe" ist hier die Länge von der Schnabelspitze bis zur Schwanzspitze zu verstehen. Dabei wurden bewußt drei Größenklassen gebildet, für die als Maßstab bekannte Vögel stehen, die also auf der allgemeinen Erfahrung des Beobachters aufbauen. Entsprechende Farbkennzeichnungen am Rand der unteren Hälfte jeder Seite, ermöglichen es, den beobachteten Vogel anhand der Größe aufzufinden.

Es bedeuten:

Vögel bis etwa Amselgröße (Die Amsel ist 25 cm lang.)

Vögel bis etwa Stockentengröße (Die Stockente ist 58 cm lang.)

Vögel über Stockentengröße

Die Größe als Bestimmungsmerkmal eines Vogels zu benutzen und den Bestimmungsteil in diesem Buch entsprechend zu gliedern, stellt notwendigerweise einen Kompromiß dar. So ist die Trauerseeschwalbe 24 cm lang. Sie wurde aber in die zweite Größenklasse eingeordnet, um sie im Vergleich mit Fluß- und Weißbartseeschwalbe zeigen zu können. Ähnliche Gründe führten zur Einordnung des Gänsesägers in die zweite Größenklasse. Dieser Vogel ist zwar mit 66 cm Länge größer als eine Stockente, aber es erschien wichtig, ihn zusammen mit dem ähnlichen Mittelsäger darzustellen. Der Seidenreiher schließlich ist 2 cm kleiner als eine Stockente, erscheint aber auf Grund seiner langen Beine größer, und vor allem sollte der Vogel zusammen mit dem ebenfalls rein weiß gefärbten Silberreiher behandelt werden.
Die Größenklassen sind also nicht ganz streng, sondern im Sinne einer sinnvollen ersten Klassi-

fizierung zu verstehen, die dem Anfänger helfen kann, Ordnung in die Formenfülle zu bringen. Innerhalb der Größenklassen wurde dann wiederum nach biologisch-systematischen Gesichtspunkten gegliedert. Auch hier war hin und wieder ein Kompromiß notwendig, um ähnliche Arten auf einer Doppelseite nebeneinander abbilden zu können. Die vergleichende Gegenüberstellung erschien für den Anfänger in diesen Fällen wichtiger als die streng systematische Reihung. Einen Überblick über die systematische Stellung der vorgestellten Vogelarten gibt die Seite 24 vor dem Bestimmungsteil.

Die Fotos in diesem Führer – allesamt farbig und in freier Natur aufgenommen – wurden mit besonderer Sorgfalt ausgewählt. Es wurde stets darauf geachtet, daß die abgebildeten Vögel so gezeigt werden, wie sie der Beobachter draußen auch wirklich sehen kann. Auf den Fotos im Bestimmungsteil werden meist die Männchen im Brutkleid gezeigt, die Weibchen und Jungvögel werden fast immer nur im Text beschrieben. In Fällen, wo es sinnvoll erscheint, sind aber Zeichnungen von Weibchen und Jungvögeln, Vögeln im Winterkleid oder im Flugbild auf Tafeln zusammengestellt. Sie sind im Bestimmungsteil an entsprechender Stelle eingeschoben.

Die inneren Umschlagseiten zeigen die Silhouetten von verschiedenen Vogelarten. Diese Abbildungen sind vor allem zum Erkennen typischer Vertreter der einzelnen Vogelfamilien hilfreich. Bewußt ist hier auch die Situation angedeutet, in der die Vögel überwiegend beobachtet werden können. In den allgemeinen Teilen finden sich schließlich noch ergänzende Grafiken zum Erkennen von Vogelnestern.

Visuelle Information vermittelt im Bestimmungsteil weiter die Kopfleiste. In Form von Symbolen wird gezeigt, in welchem Lebensraum der betreffende Vogel überwiegend (!) zu beobachten ist. Dabei bedeuten:

vorwiegend in feuchten Wiesen, Sumpf und Moor

vorwiegend im Pflanzengürtel (besonders im Röhricht) am Rand von (besonders stehenden, aber auch fließenden) Gewässern

vorwiegend auf offenen Wasserflächen (stehender oder langsam fließender Gewässer)

vorwiegend an Fließgewässern

Ob der betreffende Vogel bei uns das ganze Jahr über vorkommt, ob er teilweise oder ganz zum Winter hin abzieht und erst zur nächsten Brutzeit wieder zu uns zurückkehrt, ob er nur auf dem Zug bei uns erscheint oder – von Norden kommend – den Winter bei uns verbringt, wird durch folgende Begriffe angezeigt:

Jahresvogel Jahresvogel (das ganze Jahr über bei uns)

Teilzieher Teilzieher (ein Teil der Population zieht ab, ein anderer Teil überwintert bei uns)

Sommervogel Sommervogel (nur im Sommer bei uns, die gesamte Population zieht ab)

Durchzügler

Wintergast

Durchzügler/Wintergast (nur auf dem Zug und/oder im Winter bei uns, überwiegend Arten aus dem Norden)

Die Symbole dienen einer ersten Orientierung. Kommt eine Art sowohl als Brutvogel als auch als Durchzügler/Wintergast bei uns vor, so bezieht sich das Symbol im wesentlichen auf die Brutpopulation. Weitere Einzelheiten stehen im Text unter „Vorkommen“.

Schließlich findet sich in der Kopfleiste ein Hinweis, in welche Gefährdungskategorie der Vogel nach der „Roten Liste der gefährdeten Tiere und Pflanzen in der Bundesrepublik Deutschland“ ggf. einzuordnen ist. Verwendet werden folgende Begriffe:

0 Ausgestorben oder verschollen (= Kategorie 0)

1 Vom Aussterben bedroht (= Kategorie 1)

2 Stark gefährdet (= Kategorie 2)

3 Gefährdet (= Kategorie 3)

4 Potentiell gefährdet (= Kategorie 4)

V Vermehrungsgäste

W Gefährdete Wandertiere, Wintergäste usw.

Näheres zur Einordnung der einzelnen Vogelarten in die aufgeführten Gefährdungskategorien lese man im Kapitel über die Bedrohung unserer Vogelwelt auf Seite 120 nach.

Die Texte zu den einzelnen Vogelarten enthalten die wesentlichen Informationen, die man benötigt, um den betreffenden Vogel bestimmen zu können. Darüber hinaus wird Wissenswertes zur Biologie jeder Art mitgeteilt, so daß man sie ein wenig näher kennenlernt.
In einem Kasten am Kopf jedes Textes findet man den (oder die) gängigen deutschen Namen, darunter den wissenschaftlichen Namen und die Angabe der Familie, in die der beschriebene Vogel einzuordnen ist. Darüber hinaus findet man neben „E“ den (oder die) englischen und neben „F“ den (oder die) französischen Namen. Im Zeitalter grenzüberschreitender Aktivitäten der Vogelfreunde mögen beide Angaben eine Hilfe auf Reisen im Ausland sein.
Unter Merkmale werden die Länge angegeben, die wesentlichen Bestimmungsmerkmale genannt und auf das gegebenenfalls unterschiedliche Aussehen von Männchen, Weibchen und Jungvögeln hingewiesen. Nötigenfalls werden die Unterschiede zu nahe verwandten Vogelarten deutlich gemacht, in vielen Fällen auch typische Verhaltensweisen.
Unter Stimme werden charakteristische Rufe und der Gesang geschildert und häufig auch in Buchstabenform wiedergegeben. Wo sinnvoll, werden die Lautäußerungen mit denen nahe verwandter Arten verglichen. Wo möglich, wird auf ähnliche Laute aus unserer Umgebung hingewiesen, und wo nötig, erfolgt ein Hinweis, wie und wo der Gesang vorgetragen wird.
Unter Vorkommen wird der Lebensraum des Vogels angesprochen, also die Frage beantwortet, wo man den Vogel brütend und/oder auf der Nahrungssuche antreffen kann. Anhand der Anga-

ben kann man aber auch prüfen, ob ein Vogel in dem Lebensraum, wo man ihn beobachtet hat, überhaupt vorkommen kann.

Abschließend wird gesagt, ob der Vogel bei uns Jahresvogel, Teilzieher, Sommervogel (mit Angabe der Monate, die die Art bei uns verbringt) oder Durchzügler/Wintergast ist. Anhand dieser Angaben kann eine Bestimmung bisweilen ebenfalls überprüft werden.

Unter Nahrung wird aufgezeigt, was – und gegebenenfalls wie – die Vögel fressen. Mit der Art der aufgenommenen Nahrung und der Ernährungsweise hängt beispielsweise die Schnabelform eines Vogels eng zusammen. Zudem trifft man Vögel natürlich meist nur dort an, wo sie auch die ihnen zusagende Nahrung finden.

Unter Brut schließlich finden sich Angaben, wo und wie das Nest angelegt wird, wie viele Eier ein durchschnittliches Gelege zählt, wie die Eier gefärbt sind, und es wird gesagt, wie die Brutzeit liegt und ob der Vogel nur eine oder mehrere Bruten im Jahr aufzieht.

Sollten darüber hinaus weitere Informationen notwendig sein, werden diese dem Text in Form eines Kastens angehängt. Hier wird auf Probleme bei der Bestimmung des Vogels, auf ähnliche Arten, Besonderheiten der Stimme oder des Flugbildes, Bedrohung und Schutzmaßnahmen und anderes mehr verwiesen.

Birkhenne

Vogelbeobachtung

Die Vögel in ihrem Lebensraum zu beobachten ist ein schönes Hobby. Im anglo-amerikanischen Raum hat das „bird-watching“ schon lange Tradition. Inzwischen ist es auch bei uns salonfähig geworden. Die Beschäftigung mit der heimischen Vogelwelt braucht aber nicht nur eine das eigene Leben bereichernde Tätigkeit zu bleiben, sie kann auch zu Wissen und Einsichten über ökologische Zusammenhänge verhelfen. Deshalb sollte man sich ein wenig Know-how aneignen. Man will ja schließlich wissen, welchen Vogel man da vor sich hat. Und wenn man ihn problemlos bestimmen kann, ist es auch eher möglich, sich auf besondere Verhaltensweisen zu konzentrieren und Zusammenhänge zu erkennen. Schon mit wenigen wesentlichen Grundkenntnissen ausgestattet, verläuft die Vogelbeobachtung – das wird jeder feststellen – viel befriedigender, als wenn man jedesmal von neuem einem Gefiederten unsicher gegenübersteht. Sich diese Kenntnisse anzueignen, bedarf glücklicherweise keiner großen Anstrengung, setzt aber ein paar Dinge voraus.

Liebe zur Natur ist sicher die wichtigste Eigenschaft, die man mitbringen sollte, um der Vogelbeobachtung nachzugehen. Ein wenig „Geländegängigkeit“ und ein Vorrat an Geduld sind weitere Voraussetzungen. Denn die Vogelbeobachtung ist ja nicht auf die vom warmen Wohnzimmer aus beschränkt. Die Vögel, die im eigenen Garten leben oder ans Futterhaus kommen, lernt man so kennen, die Vögel der Feuchtgebiete aber sicher nicht. Da muß man schon hinaus aus den eigenen vier Wänden. Andererseits ist die Vogelbeobachtung ja gerade deswegen für viele Menschen eine so schöne und befriedigende Sache, weil man ihr draußen in der Natur nachgehen kann – eine wesentliche Abwechslung im Alltagsleben, das oft genug zwischen Wohnung und Arbeitsstätte stattfindet.

Wenn man aber daußen in der Natur unterwegs ist, sollte man sich ihr in sinnvoller Weise anpassen. Dazu gehört etwa, daß man nicht unbedingt mit einer gelben Öljacke durch Sumpf und Moor marschiert. Gedeckte Kleidung ist da schon eher angebracht.

In jedem Fall ist ein gutes Fernglas vonnöten. In den meisten Fällen bewährt sich eines mit 8- oder 10facher Vergrößerung. Solche Gläser sind heute so klein und leicht gebaut, daß man sie problemlos in der Tasche mitführen kann. Will man aber etwa an Seen oder Talsperren rastende Entenscharen durchmustern, empfiehlt sich auf Grund der häufig großen Distanzen der Einsatz eines Fernrohres, ja, vielfach ist er unumgänglich, um zu eindeutigen Bestimmungen zu kommen. Ein etwa 40fach vergrößerndes Rohr auf einem entsprechend standfesten Stativ ist eine gute Lösung. Man informiere sich aber auch über Fernrohre mit variabler Vergrößerung (etwa 30- bis 60fach). Insgesamt sollte man bei der Anschaffung optischer Geräte die Punkte Qualität, Gewicht und Preis im Zusammenhang betrachten, dann findet man sicher ohne Schwierigkeiten ein passendes Modell.

In die Tasche gehört natürlich auch ein Vogelführer wie dieser. Den wird man besonders am Anfang sicher brauchen, denn es gilt mit schöner Regelmäßigkeit, ähnlich aussehende Arten auseinanderzuhalten. Außerdem läßt sich mit einem Führer gut ein „Troktraining" machen. Damit ist gemeint, daß man seinen Vogelführer immer wieder einmal in einer Mußestunde durchblättert, sich den Text durchliest und vor allem die Abbildungen genau ansieht und einprägt. Um einen Vogel draußen nämlich bestimmen zu können, ist es sehr hilfreich, wenn man schon im voraus weiß, worauf zu achten ist. Man muß also die „feldornithologischen Kennzeichen" der Vögel im Kopf haben. Zusammen mit den draußen beobachteten Details wird man dann rasch zu einer Diagnose kommen, nach einem gewissen Training zu der richtigen.

Hilfreich ist immer, ein Notizbuch mit Bleistift oder Kugelschreiber dabeizuhaben. Man kann sich rasch ein paar Besonderheiten notieren, vielleicht auch eine kleine Zeichnung von beobachteten Details des Gefieders machen oder festhalten, wie der Vogel singt. Man kann sich aber auch ein regelrechtes Beobachtungstagebuch anlegen und die Notizen dort sammeln.

Schließlich sind noch ein paar Spielregeln zu beachten, die sich im wesentlichen auf den Naturschutz beziehen. Man sollte beispielsweise unbedingt vermeiden, die Vögel zu beunruhigen. Zurückhaltung ist also geboten, zumal man dann auch das normale Verhalten der Vögel beobachten kann. Wenn man sich neben ein Vogelnest setzt und abwartet, wie der Vogel darauf reagiert, wird man nicht nur wenig Freude haben, man handelt auch verantwortungslos. Der Vogel ist aufgeregt, flattert hilflos umher und stößt Warnrufe aus. Ganz davon abgesehen gefährdet man das Gelege oder die schon geschlüpften Jungen. Dies kann man sich heute einfach nicht mehr gestatten.

Vögel fotografieren

Nach einiger Zeit der Vogelbeobachtung mit Fernglas und Fernrohr wird vielleicht in manchem der Wunsch reifen, die beobachteten Vögel auch zu fotografieren. Man denkt, diesen oder jenen Vogel habe man doch ganz aus der Nähe gesehen und deshalb sicher auch leicht auf den Film bannen können. So einfach ist die Vogelfotografie bzw. die Tierfotografie allgemein aber keineswegs. Die Fotos in diesem Naturführer etwa sind kaum zufällig entstanden, sondern das Ergebnis langwieriger und harter Arbeit, auch wenn man ihnen das nicht auf den ersten Blick ansieht. Jahrelange Erfahrung und vor allem viel Geduld gehören dazu, solche Fotos zu machen. Die rein technischen Probleme, die sich bei Tieraufnahmen stellen, sind dagegen in den meisten Fällen zu lösen. Den Tierfotografen steht ja heute fast alles zur Verfügung, was sie für ihre Arbeit brauchen – von motorisierten Kameras mit automatischer Belichtung und Entfernungseinstellung über lichtstarke und qualitativ hochstehende Objektive bis hin zu Hochgeschwindigkeits-Blitzgeräten, elektronischen Fernauslösern und selbst Sensoren, die die Kamera aus großer Distanz im richtigen Moment arbeiten lassen, vom Tier selbst ausgelöst.

Das Grundproblem, das sich in der Tierfotografie stellt, ist, daß man als Fotograf meist recht nahe an sein Motiv herankommen muß, bevor man vernünftige Fotos machen kann. Abgesehen von der Möglichkeit, langbrennweitige Teleobjektive einsetzen zu können, muß der Vogelfotograf dennoch entweder ansitzen – also auf den Vogel warten und ihn an sich herankommen lassen – oder sich ihm vorsichtig nähern, ihn anpirschen. Immer aber bleibt ein gewisser Abstand zu überbrücken. Aus diesem Grund sind Objektive von 400 bis 800 mm Brennweite in den Ausrüstungen der meisten Vogelfotografen vorhanden. Diese schweren Geräte können praktisch nur von der Schulterstütze, dem Einbeinstativ oder vom schweren Dreibein aus benutzt werden. Tierfotografie bedeutet also meist harten körperlichen Einsatz. Bei allen Möglichkeiten, die der Fotograf hat, müssen aber sein Verhalten und die richtige Technik zusammenspielen. Je besser ein Fotograf dies beherrscht, desto eher wird er zu zufriedenstellenden Fotos kommen.

Um erste Erfahrungen in der Vogelfotografie zu sammeln, sollte man sich vielleicht zunächst am Futterhaus im Garten mit der Kamera auf die Lauer legen. Zunächst nimmt man sich nur vor, die Vögel im Sitzen zu fotografieren. Dann aber könnte man sich auf die Verhaltensweisen der dort fressenden Vögel konzentrieren. Auch an der Vogeltränke im Garten kann man manches dokumentieren. Ein idealer Platz, in die Vogelfotografie einzusteigen, sind weiter die Parkteiche. Hier kann man nicht nur schwimmende oder am Ufer stehende Wasservögel fotografieren, sondern man könnte sich beispielsweise dem Thema Nahrungssuche bei Vögeln widmen, das Balzverhalten der Stockenten im Bild festzuhalten versuchen, oder die Auseinandersetzungen bei Schwänen und Bläßhühnern.

Für das Ansitzen ganz allgemein gilt, nur dort auf mögliche Motive zu warten, wo man keinen Schaden anrichten kann. Ansitze am Nest sind zwar bei entsprechender Erfahrung möglich, aber heute muß man solche Aufnahmen wirklich nicht mehr machen. Einmal gibt es genug Fotos von brütenden Vögeln, und zum anderen gefährdet man die Vögel und ihre Brut nur unnötig. Darüber hinaus ist es heute auch vielfach gesetzlich verboten.

Schwieriger ist es schon, die Vögel anzupirschen. In vielen Parks sind die Vögel aber oft so vertraut, daß man etwa an ein in einem Strauch singendes Rotkehlchen nahe herankommt und mit dem Teleobjektiv durchaus zu seinen Fotos kommt. Ähnliches gilt für die Binnen- und Seehäfen. Hier sitzen oft Scharen an den Menschen gewöhnter Möwen auf den Kaimauern, an denen man ohne Schaden seine fotografischen Ambitionen in die Tat umsetzen kann.

Aber ob Ansitz oder Pirsch, der Vogelfotograf übernimmt einige Verantwortung. Tierfotografie bedeutet schließlich immer ein Eindringen in den Lebensraum der Tiere. Es besteht also grundsätzlich die Forderung nach behutsamem Vorgehen. Auf Grund mangelhafter Kenntnisse und durch falschen Ehrgeiz getrieben können Tierfotografen draußen durchaus Schaden anrichten. Störungen am Brutplatz können die Vögel veranlassen, ihre Brut aufzugeben oder sogar das ganze Areal.

Wenn dem Fotografen beispielsweise Geduld nicht in ausreichendem Maße zur Verfügung steht, sollte er sich anderen Dingen zuwenden. Darüber hinaus muß er viel biologisches Wissen und Erfahrung einbringen, und er sollte immer bereit sein, das Wohlbefinden seiner Motive vor die gelungene Aufnahme stellen. Wenn sich hier die Priorität umkehrt, dann sollte jeder Fotograf schleunigst die Notbremse ziehen, ganz davon abgesehen, daß er sich auch im juristischen Sinn strafbar machen kann. Ein Blick in das Naturschutzgesetz und andere relevante Vorschriften ist anzuraten. In Schutzgebieten gelten natürlich noch einmal verschärfte Regeln; hier informiere man sich besonders sorgfältig. Grundsätzlich ist geboten, im Bestand gefährdete Arten in Ruhe zu lassen. Andererseits ist auch klar, daß die Verarmung unserer Vogelwelt nicht damit zusammenhängt, daß die Vögel zu oft von Tierfotografen gestört wurden. Wenn jemand das behauptet, weiß er nicht, wovon er redet. Zu lange haben wir unsere Umwelt zerstört, zu lange den Vögeln den ihnen zusagenden Lebensraum eingeschränkt, als daß das ohne Folgen bleiben kann.

Wenn wir jetzt sensibler auf Umwelt- und Naturschutzprobleme reagieren als früher, so ist das zwar einerseits auch den vielen hervorragenden Natur- und Tieraufnahmen zu verdanken, die heute vorliegen, so führt das andererseits aber dazu, daß auch die Arbeitsweise der Tierfotografen stärker unter die Lupe genommen wird, als es früher der Fall war. Deshalb noch einmal der Rat und der Appell: Die Natur muß bei allem Verständnis für die Begeisterung, die die Tierfotografie mit sich bringen kann, immer Vorrang haben!

Wie bestimmt man Vögel?

Einen Vogel zu sehen und dann herauszufinden, um welche Art es sich handelt, ihn zu „bestimmen“, ist zweierlei. Wenn man die feldornithologischen Kennzeichen des Vogels schon im Kopf hat, ist es relativ leicht, ihn richtig zu benennen. Man wird aber immer wieder einmal einen Vogel beobachten, den man noch nie vorher gesehen hat.
Hier helfen der folgende Fragenkatalog und die zu jeder Frage gebrachten Hinweise weiter. Der Katalog soll anregen, bereits bei der Beobachtung eines Vogels auf alles Wesentliche zu achten. Erfahrene Feldornithologen haben dieses Raster im Kopf. Sie gehen es in Gedanken durch und kommen deshalb so schnell und sicher zu einer richtigen Bestimmung.

1 Welche Größe hat der Vogel? Welche Gestalt hat er, wie ist er gebaut?

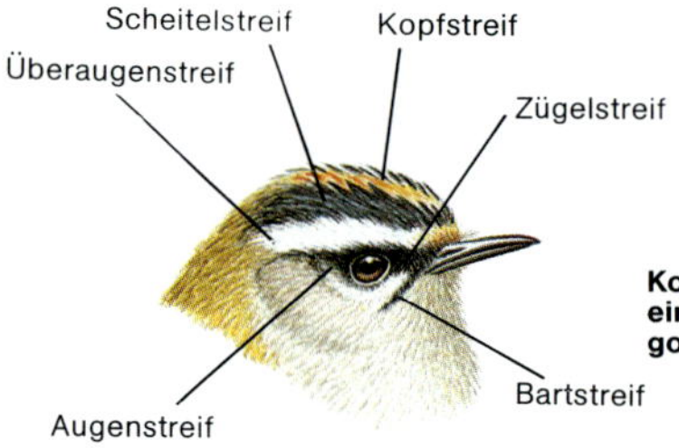

Kopfzeichnung eines Sommergoldhähnchens

Gefieder eines Stockenten-Weibchens

– Ein Vogel kann etwa so groß wie ein Sperling sein, aber auch wie eine Amsel, eine Taube oder eine Stockente. Er kann schlank oder eher rundlich gebaut sein. Die Haltung kann aufrecht sein oder geduckt. Der Vogel kann einen langen Hals haben wie ein Reiher oder ein Storch, der Kopf kann aber auch direkt dem Rumpf aufsitzen. Der Vogel kann lange Stelzbeine haben oder kurze.

2 Welche Farbe hat der Vogel?
– Es ist auf die Färbung zu achten, aber auch auf die Verteilung der Farben im Gefieder.

3 Fällt in der Zeichnung des Gefieders etwas besonders auf? Sind Kopf, Rücken, Brust, Flügel oder Schwanz auffällig gemustert?
– Die Oberseite eines Vogels kann beispielsweise einfarbig sein, die Brust dagegen gefleckt oder gestreift. Der Kopf kann einfarbig sein, aber auch einen oder gar mehrere Streifen aufweisen. Die Flügel können einheitlich gefärbt sein, aber auch Längsstreifen und Querbinden, Flecken oder Felder aufweisen. Die Enten haben charakteristische farbige „Spiegel" im Flügel.

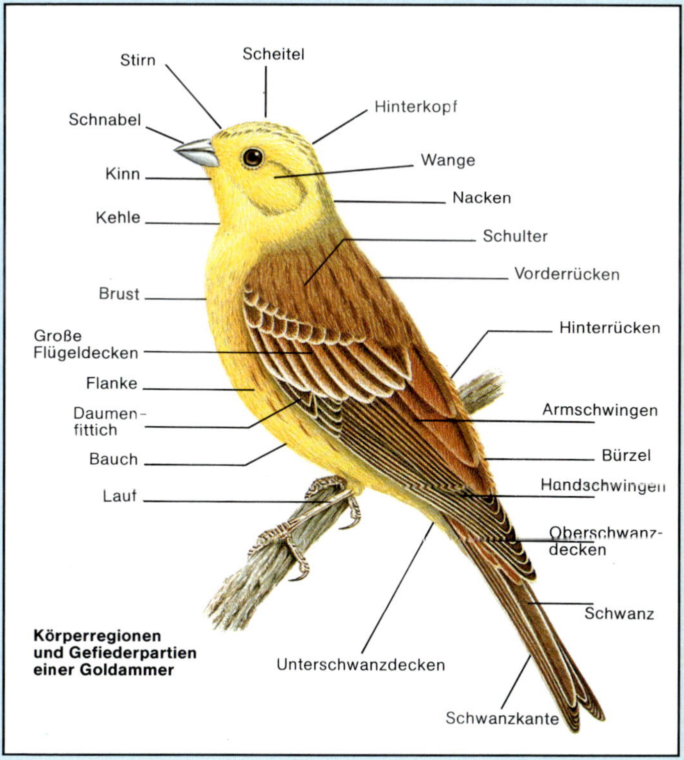

Körperregionen und Gefiederpartien einer Goldammer

4 Welche Form hat der Schnabel?

– Der Schnabel kann lang oder kurz sein. Er kann gerade sein oder nach unten gebogen. Er kann ein feiner, pinzettenartiger Insektenfresserschnabel wie beim Blaukehlchen sein oder ein kurzer, derber Körnerfresserschnabel wie bei der Rohrammer. Er kann aber auch ein Hakenschnabel zum Aufreißen von gefangenen Beutetieren sein wie bei Milanen und Weihen oder ein breiter Schnabel mit Lamellen, mit denen der Vogel Nahrung aus dem Wasser seihen kann (Schwäne, Gänse, Enten). Die Watvögel schließlich haben lange Stocherschnäbel wie beispielsweise Uferschnepfe und Bekassine oder dolchförmige Schnäbel wie die Seeschwalben.

5 Welche Form hat der Schwanz?

– Ist der Schwanz lang oder kurz, ist er am Ende abgestutzt, gerundet, eingekerbt, keilförmig oder tief gegabelt?

6 Welche Form haben die Flügel? Wie fliegt der Vogel? Wie ist der Flügelschlag?

– Die Flügel können langgestreckt sein oder kurz und rundlich. Sie können an den Enden abgerundet sein oder spitz zulaufen. Es gibt Vögel, die mehr oder weniger geradeaus fliegen. Andere fliegen wellenförmig oder aber rasch und reißend. Wieder andere stehen bisweilen rüttelnd in der Luft. Kleine Vögel schlagen meist sehr schnell mit den Flügeln, größere Arten eher bedächtig rudernd. Bei manchen Arten wechseln Schlag- und Gleitphasen einander ab. Der Hals kann im Flug gestreckt sein oder s-förmig eingezogen.

7 Wie ruft oder singt der Vogel? Wo ruft oder singt er?

– Hier beginnt schon die höhere Schule der Vogelbeobachtung. Zur Unterscheidung nahe verwandter Arten (Beispiel: Rohrsänger) ist die Heranziehung akustischer Kennzeichen aber oft unumgänglich. Deshalb sollte man versuchen, die Rufe und Gesänge der beobachteten Vögel zu beschreiben. Der gehörte Ruf kann weich oder hart sein, der Gesang ein Schnurren, ein Triller, eine Kadenz oder ein abwechslungsreiches Gemisch aus unterschiedlichen Motiven. Ein Vogel kann versteckt in der Vegetation singen, aber auch exponiert von der Spitze eines Schilfhalmes aus. Manche Vögel tragen ihren Gesang schließlich in einem kurzen Singflug vor.

8 Wie verhält sich der Vogel?

– Hier geht es um Besonderheiten im Verhalten des Vogels. Man sollte also einen Vogel nicht nur kurz beobachten und als gesehen abhaken, sondern längere Zeit hinschauen. Nur dann erkennt man die entsprechenden Verhaltensweisen, die ihn selbst, weitere Artgenossen oder andere Arten betreffen.

9 Wo und wie ist das Nest gebaut? Welche Farbe haben die Eier?

– Ein Vogelnest kann wie ein Floß auf schwimmenden Wasserpflanzen angelegt sein, zwischen Schilfhalme gehängt sein, am Boden stehen, im niedrigen Gebüsch, aber auch mehr oder weniger hoch auf Bäumen. Es kann eine flache Mulde sein, aber auch eine Kugel oder ein umfangreicher Bau aus Ästen und Zweigen. Die Eier können rein weiß sein, aber auch eine andere Grundfarbe und ein Muster aus Punkten, Flecken und Linien aufweisen.

10 Wann und wo wurde der Vogel beobachtet?
– Hier sind Tages- und Jahreszeit gemeint. Bei der Beobachtung seltener Arten sind natürlich Datum und Uhrzeit genau festzuhalten. Man sollte sich auch merken, wo man den Vogel gesehen hat. In den meisten Fällen ist damit der Lebensraum gemeint (freie Wasserfläche, Röhricht, Binsensumpf o. ä.). Bei seltenen Arten hält man wiederum eine genaue Ortsangabe fest.

Diesen Fragenkatalog mit seinen Erläuterungen lese man sich, wenn man die ersten Schritte in der Ornithologie tut, immer wieder einmal in Ruhe durch. Die Abbildungen in diesem Kapitel helfen dabei, sich weitere wichtige Begriffe anzueignen. Am Beispiel der Goldammer wird deutlich, wie die jeweiligen Körper- und Gefiederregionen richtig bezeichnet werden. Am Beispiel des Sommergoldhähnchens wird erläutert, wie die Kopfpartie eines Vogels beschaffen sein kann, und welches die jeweils richtigen Bezeichnungen sind. Aus der Zeichnung des fliegenden Stockenten-Weibchens kann entnommen werden, wie die verschiedenen Gefiederpartien heißen. Alle Begriffe können auf andere Arten übertragen werden.
Diese vielen neuen Worte muß man natürlich nicht kennen, um in die Vogelbeobachtung „einzusteigen“. Sie sind aber unumgänglich, will man im Laufe der Zeit zu gründlichen Kenntnissen kommen.

Rufe und Gesänge

Die Vögel stehen dem Menschen sicher nicht allein so nahe, weil sie aktive und teilweise schön gefärbte oder apart gezeichnete Tiere sind, sondern auch, weil sie sich in vielfältiger Weise akustisch äußern. Oft wird man erst durch ihre Rufe und Gesänge auf die Vögel aufmerksam, und vielfach empfindet man die Vogelstimmen als einen ästhetischen Genuß. Wie aber sind die akustischen Äußerungen der Vögel zu verstehen? Zunächst kann man zwischen stimmlichen und instrumentalen Äußerungen unterscheiden. Zu den stimmlichen Äußerungen gehören die vielfältigen Rufe und Gesänge, zu den instrumentalen etwa das Schnabelklappern der Störche oder das Flügelklatschen balzender Sumpfohreulen. All diese Lautäußerungen haben für die Vögel eine biologische Funktion. Rufe dienen beispielsweise der Kommunikation mit dem Brutpartner und den eigenen Jungen, sie warnen Artgenossen vor drohenden Gefahren oder sichern den Zusammenhalt im Trupp oder im großen Schwarm. Die Gesänge dienen im wesentlichen dazu, ein Brutrevier zu markieren und ein Weibchen anzulocken. Vielfach fördern sie auch den Zusammenhalt des Paares und die Abstimmung der geschlechtlichen Aktivität. Rufe und Gesänge der Vögel haben also die Funktion, auf akustischem Wege anderen Vögeln Informationen weiterzugeben.
Deshalb ist es nicht weiter verwunderlich, wenn man Vogelrufe fast das ganze Jahr über hört. Gesänge hört man dagegen im wesentlichen in der Brutzeit, auch wenn einige Arten fast das ganze

Jahr über singen. So ganz ohne Vogelgesang sind also nur wenige Monate im Jahr. Tageszeitlich gesehen, hört man Gesänge fast zu allen Stunden – mit Ausnahme der Mittagszeit und der Zeit um Mitternacht. Dennoch ist eine erhöhte Gesangsaktivität in der Morgen- und Abenddämmerung festzustellen.

Wie kann man Vogelrufe und -gesänge nun so beschreiben, daß andere Menschen davon eine Vorstellung bekommen? Dieses Thema ist für die Ornithologen insofern von einiger Bedeutung, als sie als Naturwissenschaftler bemüht sind, objektive Daten zu erarbeiten, und dies mit Methoden, die für die Fachkollegen nachvollziehbar sind. Vogelstimmen kann man nun auf ganz unterschiedliche Weise beschreiben. Zunächst einmal kann man versuchen, das Gehörte mit den Mitteln der normalen Sprache auszudrücken und in schriftlicher Form wiederzugeben. So kann man etwa die gedehnten Rufe der Weidenmeise mit „däh, däh" wiedergeben, und andere Menschen können sich den Ruf etwa vorstellen. Man kann aber auch versuchen, die Stimmen in Form der Notenschrift wiederzugeben. Die Übersetzung eines Vogelgesanges in Notenschrift ist zwar möglich, aber einerseits nicht für jedermann nachvollziehbar, und andererseits enthält auch diese Methode noch – genau wie die Umsetzung der Gesänge in schriftliche Form – sehr viele subjektive Momente. Dennoch kann man auf diese Weise Tonhöhen und Pausen gut darstellen. Da nicht jeder Laie und auch nicht jeder Vogelkundler problemlos Notenschrift in Töne umsetzen kann, wurde der Versuch gemacht, eine vereinfachte Notenschrift zu entwickeln, die zur Darstellung von Vogelstimmen geeignet ist. Auch dieser Versuch hat vielen Vogelfreunden den Weg zum Kennenlernen der Vogelstimmen geebnet. Ein Durchbruch im wissenschaftlichen Sinn kam aber erst mit den Verfahren der elektromagnetischen Tonaufzeichnung und der elektronischen Analyse der Aufnahmen. Wenn man nämlich die Stimme einmal auf Magnetband gespeichert hat, kann man sie durch einen sogenannten Sonagraphen schicken und dann über einen Drucker visuell darstellen. Man spricht hier von Klangspektrogrammen oder – nach dem Gerät, das diese Umsetzungen ermöglicht – von „Sonagrammen".

Wie lernt man nun selbst Vogelstimmen kennen? Diese Frage stellt sich für jeden Vogelkundler schon bald, nachdem er sich in der Vogelwelt einigermaßen auskennt. Denn es ist beispielsweise ausgesprochen schwierig, draußen Rohrschwirl, Feldschwirl und die Rohrsänger mit dem Fernglas auseinanderzuhalten. Hört man dagegen die Gesänge, ist die Bestimmung kein Problem mehr. Ähnliches gilt auch für die ebenfalls einander sehr ähnlichen Laubsänger, die man sinnvollerweise ebenfalls nach ihren Lautäußerungen bestimmt.

Aber selbst wenn man einen Vogel anhand seiner feldornithologischen Kennzeichen gut bestimmen kann, sind dennoch die Rufe und Gesänge ebenso eindeutige artspezifische Merkmale wie etwa ein typischer Überaugenstreif oder Flügelspiegel. Man kann die akustischen Äußerungen also wie morphologische Kennzeichen nutzen. Die Knäkente etwa muß man in der dichten Ufervegetation gar nicht sehen, und man weiß doch, daß sie da ist – wenn man ihre charakteristischen Rufe hört, die etwa so klingen, wie wenn man mit einem Holzstab

über einen Holzkamm fährt. Auch auf die Anwesenheit vieler anderer Vögel wird man oft erst dadurch aufmerksam, daß man sie hört.
Man kann nun versuchen, anhand von Büchern die eine oder andere Vogelstimme kennenzulernen. Oben wurde ja schon gesagt, auf welchem Weg man Vogelstimmen visuell darstellen kann. Es wird aber stets einige Unsicherheit bleiben. Die nach wie vor beste Methode ist dagegen, mit einem Kundigen draußen unterwegs zu sein und sich von ihm die Stimmen erklären zu lassen. Auf den Exkursionen, die von Vogelschutzvereinen an vielen Orten angeboten werden, hat jeder Interessierte eine gute Möglichkeit, sich in das Gebiet einzuarbeiten. Ein sehr sinnvoller Mittelweg ist, sich anhand von Schallplatten oder Tonkassetten in das Gebiet der Vogelstimmenkunde einzuarbeiten. Mit Hilfe dieser technischen Errungenschaften kann man sich die Stimmen in den eigenen vier Wänden anhören und einzuprägen versuchen. Tonkassetten kann man aber auch im Auto anhören und sich lange Fahrten kurzweilig und lehrreich gestalten. Und schließlich sollte man im Zeitalter des Walkmans daran denken, daß man mit Hilfe dieser handlichen Geräte auch draußen vor Ort Vergleiche anstellen kann.

Vogelnester erkennen

Die Nester der Vögel kann man ebenso eindeutig erkennen wie ihre Erbauer. Zunächst gilt, daß die Nester in Relation zur Größe der Vögel stehen, die sie errichten. Aber Vorsicht, manche Vögel bauen gar kein eigenes Nest, sondern benutzen die Nester oder Bruthöhlen anderer Arten, um die eigenen Jungen darin aufzuziehen! Und wie die Vögel selbst als Kennzeichen etwa eine gefleckte Brust oder einen Flügelstreif aufweisen, so sind die Nester etwa typische flache Plattformen aus Ästen und Zweigen, Näpfe aus feinen Halmen, Kugeln aus Moos und Spinnweben oder kleine Flöße aus schwimmendem Pflanzenmaterial. Die Zeichnungen auf dieser Seite und den folgenden zeigen, wo Nester angelegt und wie sie gebaut sein können.
Für den Vogelfreund gilt, Rücksicht auf brütende Vögel zu nehmen. Am Nest sind die meisten Arten nämlich sehr sensibel. Manche verlassen schon nach geringfügiger Störung Brutplatz, Gelege oder Junge für immer. Und selbst wenn der Vogel nach einem Besuch zum Nest zurückkehrt, so locken doch die hinterlassenen Spuren des Menschen Nesträuber an. Also Vorsicht!

Graugans

Vogelnester

an und in Gebäuden

Bachstelze

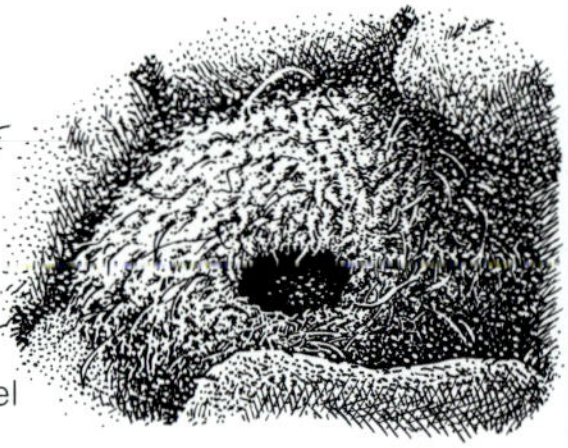

Wasseramsel

an Bachufern und Steilwänden

Eisvogel

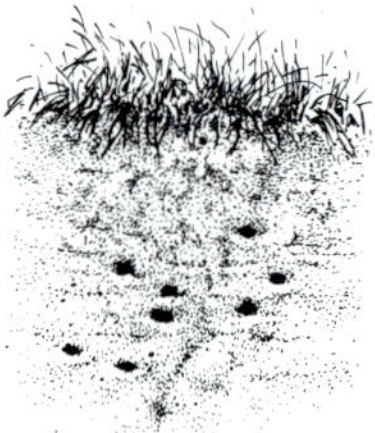

Uferschwalbe

am Boden

Flußregenpfeifer

Kiebitz

Stockente

auf dem Wasser

Haubentaucher

am Boden

Lachmöwe

in Röhricht und Weidengebüsch

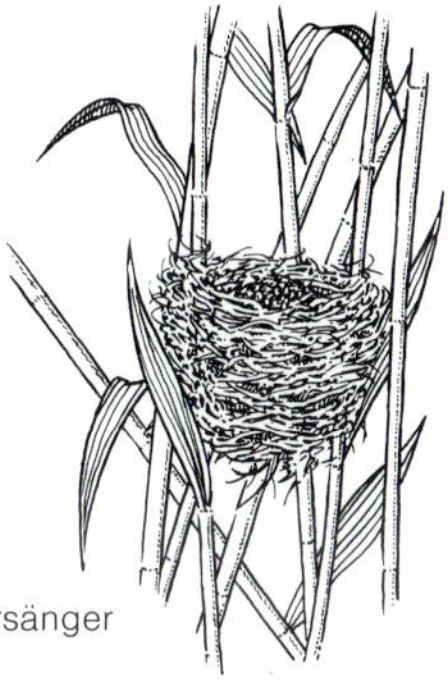

Teichrohrsänger

Beutelmeise

hoch auf Bäumen

Seeadler

Fischadler

Was ist ein Vogel?

Die Frage, welche denn die typischen Kennzeichen der Vögel sind, was die Vögel also von anderen Tieren unterscheidet, mag vielleicht überraschen. Dennoch müssen die Biologen auf diese Frage eine Antwort geben, denn sie ist Grundlage für die Einordnung der Vögel in das System der Lebewesen. Und genau aus diesem Grund soll hier noch ein wenig auf die allgemeine Biologie der Vögel eingegangen werden.

Die Vögel stehen stammesgeschichtlich den Kriechtieren oder Reptilien nahe. Der in den Solnhofener Plattenkalken in Bayern versteinert gefundene Urvogel *Archaeopteryx* zeigt neben anderen Merkmalen noch deutlich solche der Kriechtiere: Er besaß einen eidechsenähnlichen Kopf mit bezahnten Kiefern, hatte Krallen an den Flügeln und war befiedert. Man nimmt an, daß er sich laufend, kletternd, gleitend und flatternd fortbewegen konnte. Sein Lebensraum waren Gebüsche und Wälder. Man schätzt, daß der Urvogel vor rund 200 Millionen Jahren gelebt hat. Sein Fund war für die Paläontologen und die Ornithologen damals eine Sensation, stellt er doch ein wichtiges Bindeglied zwischen den beiden Wirbeltierklassen der Kriechtiere und der Vögel dar.

Gegenüber den wechselwarmen Wirbeltieren – den Fischen, Lurchen und Kriechtieren – ist die Körpertemperatur der Vögel unabhängig von der Außentemperatur immer gleich hoch. Vögel sind also gleichwarme Wirbeltiere. Ihr Körper ist durch das Federkleid nach außen hin gegen Wind, Kälte und Hitze geschützt. Es isoliert außerdem gegen zu hohen Wärmeverlust. Das Skelett der Vögel weist einige Besonderheiten auf, die allesamt eine möglichst hohe Gewichtsersparnis zum Ziel haben. Viele Knochen besitzen lufterfüllte Hohlräume. Die Festigkeit des Skeletts wird durch Verwachsungen mancher Knochen erreicht.

Insgesamt ist das Prinzip der Leichtbau-Konstruktion verwirklicht. Dies wird besonders augenfällig, wenn man die Gewichte gleich großer Vögel und Säugetiere einmal miteinander vergleicht: Ein Wildkaninchen wird bei 40 cm Länge 1800 g schwer, eine Rabenkrähe bei 47 cm Länge dagegen nur 550 g; ein Maulwurf wird 14 cm lang und 80 g schwer, eine Gartengrasmükke wiegt bei gleicher Länge nur 13 g. Nur auf Grund dieser enormen Gewichtsminderung war es den Vögeln möglich, den Luftraum zu erobern.

Die Gliedmaßen sind entsprechend der Lebensweise umgebildet. Während die Beine den Vögeln ermöglichen, zu sitzen, zu laufen, zu klettern oder Beute zu greifen, ergeben die Vordergliedmaßen in Kombination mit dem Fluggefieder leistungsfähige Tragflächen, mit denen sich die Vögel in der Luft halten und fortbewegen können. Da die Federn vor allem an den Flügeln starken Beanspruchungen ausgesetzt sind, werden sie regelmäßig bei der Mauser durch neue ersetzt.

Das Flugvermögen der Vögel ist eine der Erscheinungen in der Natur, die den Menschen mit am stärksten fasziniert hat: Immerhin erreichen Sperlinge Geschwindigkeiten um 50 km/h, Mauersegler 180 km/h, und Wanderfalken erreichen im Sturzflug um 300 km/h – Werte, die für den Menschen nur mit technischen Hilfsmitteln erreichbar sind. Auch der Vogelzug hat den Menschen lange Zeit Rätsel aufgegeben: Weißstörche ziehen von Osteuropa bis nach Südafrika – eine Strecke von rund 10 000 km. Küstenseeschwalben aber legen noch weitere Strecken zurück – vom Brutgebiet im hohen Norden zum Überwinterungsgebiet in die Antarktis und wieder zurück, insgesamt 35 000 bis 40 000 km!

Ein wichtiges anatomisches Merkmal der Vögel ist der Schnabel, der wie die Federn aus dem leichten Baumaterial Horn besteht. Er dient als vielseitig einsetzbares Universalwerkzeug und ist bei den einzelnen Gruppen der Vögel ganz unterschiedlich gebaut. Die einen knacken damit Samen und Früchte auf, die anderen fangen damit Insekten, wieder andere stochern mit ihm im weichen Boden nach Nahrung oder seihen winzige Organismen aus dem Wasser.

Die am besten ausgebildeten Sinnesorgane der Vögel sind die Augen und die Ohren. Dies drückt sich unter anderem darin aus, daß viele Verhaltensweisen der Vögel über optische Reize ausgelöst werden, und daß die meisten Vögel über ein oft ausgedehntes Repertoire an Rufen und Gesängen verfügen, mit denen sie sich untereinander verständigen.

Als Atmungsorgan dient den Vögeln ein kompliziertes System aus der Lunge und den anhängenden Luftsäcken. Die energiezehrende fliegende Lebensweise der Vögel hat eine hohe Stoffwechselaktivität zur Folge. Sie drückt sich darin aus, daß die Körpertemperatur der Vögel recht hoch – zwischen 40 und 45 °C – liegt, aber auch darin, daß Vögel sehr aktiv sind, um sich die notwendigen Nahrungsmengen zu beschaffen

Hohe Temperaturen sind auch für die Entwicklung der Jungen im Ei notwendig. Bis auf wenige Ausnahmen werden die mit einer Kalkschale versehenen, dotterreichen Eier bis zum Schlüpfen der Jungen von den Altvögeln mehr oder weniger permanent bebrütet. Vögel legen ihre Nester überwiegend in eigenen Brutrevieren an, doch gibt es – besonders unter den Wasser- und Seevögeln – auch viele Arten, die in Kolonien zusammen mit Artgenossen brüten, wo das Revier manchmal nur noch den unmittelbaren Nestbereich umfaßt. Es gibt Vogelgruppen (etwa Schreitvögel, Greifvögel oder Singvögel), in denen die Jungen überwiegend Nesthocker sind, die erst nach längerer Nestlingszeit flügge werden, und andere (etwa Entenvögel und Watvögel), in denen sie als schon relativ weit entwickelte Nestflüchter kurz nach dem Schlüpfen das Nest verlassen.

Insgesamt gibt es auf der Welt zwischen 8700 und 9000 Vogelarten. Die genaue Anzahl hängt von den Auffassungen der einzelnen Ornithologen ab. Für den Vogelfreund mag wichtiger sein, daß in diese Formenfülle Arten vom Kolibri bis zum Strauß fallen, und daß die Vögel unterschiedlichste Lebensräume besiedeln, an die sie in ihrem Bau und in ihrer Lebensweise in oft erstaunlicher Weise angepaßt sind.

Ordnung in der Vogelwelt

Die Ornithologen sind – wie alle Biologen – darauf angewiesen, die Fülle der Arten zu ordnen und in ein allgemein verbindliches System zu bringen, in dem sich die Kollegen der ganzen Welt zurechtfinden. Ein solches System soll die Arten aber nicht nur einfach ordnen, sondern auch die stammesgeschichtlichen Beziehungen zwischen ihnen deutlich machen – eine nicht leichte Aufgabe.

Die Vögel bilden eine Klasse innerhalb des Stammes der Chordatiere, zu dem auch die Fische, Lurche, Kriechtiere und Säugetiere gehören. Die Biologen gliedern eine Tierklasse wiederum in Ordnungen, Familien, Gattungen und Arten. Vögel aus folgenden Ordnungen (mit einigen bekannten Arten) sind in diesem Führer behandelt:

Ordnung: Seetaucher (Gaviiformes)
Prachttaucher
Sterntaucher

Ordnung: Lappentaucher (Podicipediformes)
Haubentaucher
Zwergtaucher

Ordnung: Ruderfüßer (Pelecaniformes)
Kormoran

Ordnung: Schreitvögel, Stelzvögel (Ciconiiformes)
Graureiher
Große Rohrdommel
Weißstorch
Löffler

Ordnung: Gänsevögel, Entenvögel (Anseriformes)
Höckerschwan
Graugans
Stockente
Reiherente
Schellente
Gänsesäger

Ordnung: Greifvögel (Accipitriformes)
Schwarzmilan
Seeadler
Rohrweihe

Ordnung: Hühnervögel (Galliformes)
Birkhuhn

Ordnung: Rallen und Kranichvögel (Gruiformes)
Kranich
Wasserralle
Teichhuhn
Bläßhuhn

Ordnung: Schnepfen-, Möwen- und Alkenvögel (Charadriiformes)
Kiebitz
Flußregenpfeifer
Großer Brachvogel
Rotschenkel
Flußuferläufer
Lachmöwe
Flußseeschwalbe

Ordnung: Eulenvögel (Strigiformes)
Sumpfohreule

Ordnung: Rackenvögel (Coraciiformes)
Eisvogel

Ordnung: Sperlingsvögel (Passeriformes)
Uferschwalbe
Bachstelze
Wasseramsel
Teichrohrsänger
Blaukehlchen
Weidenmeise
Rohrammer

Welcher Vogel
ist das?

Sommervogel 2

Tüpfelsumpfhuhn
Porzana porzana
Familie Rallen

E Spotted Crake
F Marouette ponctuée

Merkmale: 23 cm lang. Geschlechter gleich gefärbt. Oberseite grünlich-bräunlich, mit weißen Streifen und Flecken. Brust grau, weiß getüpfelt; Flanken weiß gestreift. Flügel dunkelbraun mit großen hellen Flecken. Unterseite des Schwanzes gelblich. Schnabel kurz, bisweilen an der Basis rötlich. Beine grünlich. Zuckt bei Erregung mit dem Schwanz und zeigt die Unterschwanzdecken. Einzelgänger.
Stimme: Scharfes, schneidendes „huitt“, zur Balzzeit auch gereiht. Daneben wiederholt „tscheck“ und knurrende Rufe.
Vorkommen: Sumpf- und Moorgebiete, Verlandungszone von Seen und Weihern. Sommervogel (März bis Oktober).
Nahrung: Kleintiere (Würmer, Spinnen, Insekten, Schnecken), daneben Triebe und Samen von Pflanzen.
Brut: Bodennahes Nest aus Pflanzenmaterial, gut versteckt in dichter Vegetation. 8 bis 12 Eier, gelblich mit feiner rotbrauner Fleckung. Wohl oft 2 Bruten pro Jahr, Gelege ab April.

Beobachtung

Alle kleinen Rallen leben sehr versteckt und sind schwer zu beobachten. Meist hört man sie nur.

Sommervogel 1

Kleines Sumpfhuhn

Porzana parva
Familie Rallen

E Little Crake
F Marouette poussin

Merkmale: Mit 19 cm sichtbar kleiner als Tüpfelsumpfhuhn. Oberseite olivbraun mit schwarzer Fleckenstreifung. Einheitlich bläulich-schieferfarbene Unterseite mit undeutlicher schwarzer und weißer Querstreifung an den Flanken und am Hinterende. Schnabel grünlich mit rötlicher Basis. Beine grünlich.
Stimme: Harte und scharfe „gack"- oder „queck"-Rufe. Oft werden die Rufe gereiht, zuerst in langsamem Tempo, dann beschleunigt hintereinander.
Vorkommen: Sumpf- und Moorgebiete, Verlandungszone von Seen und Weihern. Sommervogel (April bis September).
Nahrung: Kleintiere, die am und im Wasser leben; vor allem Insekten und deren Larven.
Brut: Nest nahe am Boden in dichtem Pflanzenwuchs, gut versteckt. 4 bis 8 helle Eier, hell bräunlich gefleckt. Erste Gelege im Mai. Wohl meist 2 Bruten im Jahr.

Ähnliche Art

Mit 18 cm Länge ist das Zwergsumpfhuhn (*Porzana pusilla*) noch etwas kleiner. Vom Kleinen Sumpfhuhn kann man es an den rotbraunen, eng weiß gestreiften Flügeldecken und den kräftig schwarz und weiß gebänderten Flanken unterscheiden.

Flußregenpfeifer

Charadrius dubius
Familie Regenpfeifer

E Little Ringed Plover
F Gravelot mongol

Merkmale: 14 cm lang, wirkt aber auf Grund der längeren Beine größer als ein Singvogel gleicher Länge. Oberseite sandfarben, Unterseite weißlich. Breites schwarzes Brust- und Stirnband, Stirnband gegen den Oberkopf weiß abgesetzt, gelber Ring um das Auge herum. Beine fleischfarben. Flügel einheitlich. Geschlechter gleich.

Stimme: Hohe „tiü"-Pfiffe, auf der ersten Silbe betont. Gesang wiederholt „tri-ä, tri-ä".

Vorkommen: Nistplätze überwiegend an sandigen und kiesigen Ufern von Binnengewässern, gerne in Sand- und Kiesgruben. Außerhalb der Brutzeit weit umherstreifend, dann auch an der Küste. Sommervogel, bei uns zwischen März und Oktober.

Nahrung: Kleintiere, Insekten.

Brut: Flache Mulde am Boden, Nistmaterial fehlt. 4 Eier, auf hell graubraunem Grund fein dunkel gefleckt. Gelege ab April, eine Brut im Jahr.

Ähnliche Art

Ähnlich ist der Sandregenpfeifer (*Charadrius hiaticula*). Der Vogel hat aber einen gelborange gefärbten Schnabel mit schwarzer Spitze, und sein Kopf ist anders gezeichnet. Außerdem fallen die hellen Längsstreifen im Flügel auf.

Flußuferläufer

Actitis hypoleucos
Familie Schnepfenvögel

E Common Sandpiper
F Chevalier guignette

Merkmale: Knapp 20 cm lang. Dunkle, graubraune Oberseite. Unterseite weiß mit dunkler Streifung an Hals und Brust. Flügel mit deutlichem hellem Längsstreifen. Bürzel dunkelbraun, Schwanz mit weißen, dunkel quergebänderten Seiten. Geschlechter gleich. Wippt fast ständig mit Schwanz und Kopf.
Stimme: Von auffliegenden Vögeln hört man bezeichnende, schrille „hididi"-Rufe, auf der ersten Silbe betont. Ähnliche Rufe werden in der Balz gereiht.
Vorkommen: Vor allem an klaren Fließgewässern im Binnenland (Mittelgebirgslagen). Zur Zugzeit auch an anderen Gewässern. Sommervogel. Bei uns als Brutvogel selten geworden; aber recht häufig als Durchzügler aus dem Norden zu beobachten.
Nahrung: Kleintiere, die vom Boden aufgelesen werden.
Brut: Nest an den Ufern von Bächen und Flüssen, Weihern und Seen. Meist gut versteckt am Boden. Gelege aus 4 bräunlichen, dunkel punktierten und gefleckten Eiern. Gelege ab April. Eine Brut im Jahr.

Bestimmung

Flußuferläufer erkennt man vor allem an den dunklen Halsflecken. Schnabel und Beine relativ kürzer als bei anderen Wasserläufern.

Bruchwasserläufer

Tringa glareola
Familie Schnepfenvögel

E Wood Sandpiper
F Chevalier sylvain

Merkmale: 20 cm lang. Oberseite im Brutkleid dunkelbraun mit dichter weißer Fleckung. Unterseite grau-weiß; Kehle, Hals und Flanken fein dunkel gestreift. Helle Unterseite der Flügel. Bürzel weiß, Schwanz hell und dunkel quergebändert. Beine relativ lang, gelbgrün oder gelb.
Stimme: Ruft beim Auffliegen durchdringend „giff, giff, giff“. Auch ansteigende „tlui“-Rufe und Trillern. Im Brutgebiet hört man die Balzstrophe, etwa „tlie-tlie-tlie“ klingend, wohltönend, im Balzflug vorgetragen.

Vorkommen: Brut in offenen Gebieten in den Nadelwäldern im Norden und in der Tundra. Auf dem Zug in Sumpfgebieten, an Seen und Flüssen. Sommervogel, bei uns nur noch wenige Brutpaare. Durchzügler aus dem Norden.
Nahrung: Kleintiere, die an Land und im flachen Wasser leben.
Brut: Nest in der Bodenvegetation. Nimmt aber auch Nester anderer Vögel an, um darin zu brüten. 4 hell bräunlich-grünlich gefärbte Eier mit dunkler Fleckung. Erste Gelege im Mai. Eine Brut im Jahr.

Bestimmung

Im Flug fällt vor allem der weiße Bürzel auf. Schwanz mehrfach gebändert, keine Zeichnung in den Flügeln und auf dem Rücken.

Waldwasserläufer

Tringa ochropus
Familie Schnepfenvögel

E Green Sandpiper
F Chevalier cul-blanc

Merkmale: Mit 23 cm Länge etwas größer als Bruchwasserläufer. Oberseite dunkler, Rücken weniger, aber kräftiger gefleckt als beim Bruchwasserläufer. Hals und Brust dunkelbraun. Dunkle Flügelunterseite. Weißer Bürzel. Am Schwanz nur wenige kräftige Binden. Beine grünlich. Geschlechter gleich gefärbt.
Stimme: Flötende „tlüit-titit"-Rufe beim Auffliegen. Im Brutgebiet hört man die Balzstrophe aus wohltönenden flötenden Trillern.
Vorkommen: Brut in Mooren und sumpfigen Wäldern im Norden. Bei uns häufiger Durchzügler. Dann in Sumpfgebieten, an Seen, Flüssen und anderen Gewässern.
Nahrung: Kleintiere wie Krebschen, Insekten und deren Larven, Würmer und Schnecken, die im flachen Wasser vorkommen.
Brut: Benutzt zur Brut gerne Nester von Drosseln und anderen Vögeln in Bäumen und Büschen. Gelege aus 4 hell bräunlich oder grünlich gefärbten Eiern mit dunkler Fleckung. Erste Gelege im Mai. Eine Brut im Jahr.

Bestimmung

Im Flug fällt vor allem der weiße Bürzel auf. Schwanz kräftig dreifach gebändert, keine Zeichnung in den Flügeln und auf dem Rücken. Die Rufe sind eine weitere gute Bestimmungshilfe.

Eisvogel

Alcedo atthis
Familie Eisvögel

E Kingfisher
F Martin-pêcheur

Merkmale: 16,5 cm lang. Exotisch gefärbter, gedrungener Vogel mit dickem Kopf, langem, kräftigem Schnabel, kurzem Hals und kurzem Schwanz. Oberseite je nach Lichteinfall blau oder türkisfarben, metallisch glänzend. Kehle weiß, Hals mit weißem Fleck. Kopfseiten und Unterseite rostbraun. Geschlechter gleich gefärbt. Fliegt mit raschen Flügelschlägen gerade über das Wasser.
Stimme: Durchdringende, hohe Pfiffe, wie „tiht" klingend. Erregte Vögel wiederholen die Pfiffe. Zur Balzzeit hohe trillernde Strophen.
Vorkommen: An klaren Bächen, Flüssen, Weihern und Seen. Teilzieher.
Nahrung: Vor allem kleine Fische, daneben Frösche, Kaulquappen und Wasserinsekten. Beutefang durch Stoßtauchen.
Brut: Gräbt bis zu 1 m lange Höhlen in Erdwände am Ufer der Wohngewässer. 5 bis 7 weiße Eier. Erste Gelege im März. 2, manchmal auch 3 Jahresbruten.

Bedrohung / Hilfsmaßnahmen

Durch wasserbauliche Maßnahmen und Gewässerverschmutzung (und extreme Winter) sind die Bestände vielerorts zurückgegangen. Eine sinnvolle Hilfsmaßnahme ist die Erhaltung und Neuanlage von Brutwänden.

Uferschwalbe

Riparia riparia — E Sand Martin
Familie Schwalben — F Hirondelle de rivage

Merkmale: Schwalben sind allesamt elegante und wendige Flieger. Mit 12 cm Länge ist die Uferschwalbe die kleinste europäische Art. An der braunen Oberseite und der weißen Unterseite mit dem braunen Querband eindeutig zu erkennen. Schwanz leicht eingekerbt. Geschlechter gleich gefärbt. Gesellig lebend.
Stimme: Rufe hart „tschrrp". Gesang ein unscheinbares Zwitschern.
Vorkommen: Auf der Nahrungssuche vor allem über Gewässern auftretend. Brut in Erdwänden in der Nähe von Gewässern, aber auch weiter entfernt. Sommervogel (April bis September).
Nahrung: Insekten und andere Kleintiere, im Flug erbeutet.
Brut: Gräbt Höhlen in mehr oder weniger senkrechte Erdwände. Nistet stets in Gruppen oder sogar großen Kolonien, vor allem in Sand- und Kiesgruben. 4 bis 5 weiße Eier. Gelege ab der zweiten Maihälfte. Oft 2 Bruten im Jahr.

Bedrohung / Hilfsmaßnahmen

Durch wasserbauliche Maßnahmen und Vernichtung von Brutwänden sind die Bestände zurückgegangen. Eine sinnvolle Hilfsmaßnahme ist die Neuanlage von Brutwänden. Die Schwalben nehmen sogar künstliche Brutwände und Niströhren aus Beton an.

Schafstelze

Motacilla flava
Familie Pieper und Stelzen

E Yellow Wagtail
F Bergeronette printanière

Merkmale: Stelzen sind schlanke Vögel mit Insektenfresserschnabel und langem Schwanz. Mit 16,5 cm Länge ist die Schafstelze etwas kleiner als die sehr ähnliche Gebirgstelze. Nicht so stark an Wasser gebunden wie diese. In der Färbung ähnlich, aber Oberseite olivgrün, nicht blaugrau. Unterseite leuchtend gelb. Männchen im Brutkleid mit grauem Kopf (weißer Überaugenstreif), Männchen im Ruhekleid und Weibchen mit olivgrünem Kopf. Wippt beim Laufen mit dem Schwanz. Wellenförmiger Flug.

Stimme: Rufe scharf, wie „psieh“ klingend. Gesang recht einfach, etwa „zip-zip-zipsi“, bisweilen im Singflug vorgetragen.

Vorkommen: Feuchtes Wiesengelände, Bach- und Flußauen, Sümpfe, Moore, Heide. Sommervogel (März bis Oktober).

Nahrung: Insekten und andere Kleintiere. Am Boden oder in kurzem Fangflug erbeutet.

Brut: Nester in offenem Gelände, nahe am Boden in dichter Vegetation. 4 bis 6 Eier, hell mit rotbrauner Fleckung. Erste Gelege im Mai. Eine Brut im Jahr.

Andere Rassen

Die Schafstelze kommt in Europa in mehreren, äußerlich gut zu unterscheidenden Rassen vor.

Gebirgstelze

Motacilla cinerea
Familie Pieper und Stelzen

E Grey Wagtail
F Bergeronette des ruisseaux

Merkmale: Mit knapp 18 cm Länge so groß wie Bachstelze. Blaugraue Oberseite und gelbe Unterschwanzdecken. Brust- und Bauchgefieder leuchtend gelb. Männchen mit schwarzem Kinn und schwarzer Kehle im Sommer; weißer Überaugenstreif, weißer Bartstreif. Weibchen ähnlich, aber weißlichgraue Kehle. Schwanzwippen, Wellenflug.
Stimme: Ruf metallischer, Gesang abwechslungsreicher als bei der Bachstelze. Im Flug hart „ziss-ziss“, Alarmruf schrill „sihiht“.

Vorkommen: An sauberen, schnellfließenden Bächen und kleinen Flüssen, vor allem im Hügel- und Bergland. Teilzieher.
Nahrung: Hauptsächlich Insekten, Spinnen, kleine Krebse und Würmer. Am Boden oder in kurzem Fangflug erbeutet.
Brut: Nest in der Uferböschung der Gewässer, Bau aus kleinen Zweigen und Halmen, Nestmulde mit Moos und Haaren ausgelegt. 4 bis 6 gelbliche oder bläuliche Eier mit hell rotbrauner Fleckung. Oft 2 Bruten, Gelege ab Ende März.

Bedrohung / Hilfsmaßnahmen

Durch wasserbauliche Maßnahmen und Gewässerverschmutzung sind die Bestände zurückgegangen. Eine sinnvolle Hilfsmaßnahme ist die Bereitstellung von Nistmöglichkeiten.

Bachstelze

Motacilla alba
Familie Pieper und Stelzen

E White Wagtail
F Bergeronette grise

Merkmale: 18 cm lang. Oberseite grau, weiße Schwanzkanten. Kopfplatte, Kehle und Brust schwarz, Bauch weiß. Im Ruhekleid statt schwarzer Kehle und Brust nur schwarzes Brustband. Jungvögel insgesamt weniger kräftig gefärbt. Läuft trippelnd rasch umher und wippt dabei mit dem langen Schwanz.
Flug ausgeprägt wellenförmig.
Stimme: Kräftige „psitt"- oder „zilipp"-Rufe; bei Erregung auch scharf „zisiss". Gesang aus abgewandelten Rufen, zu einem leisen Zwitschern zusammengesetzt.
Vorkommen: In kleinen Ortschaften, aber auch im offenen Gelände, bisweilen in der Nähe von Gewässern. Jahresvogel.
Nahrung: Überwiegend Insekten und Spinnen, im Laufen oder kurzen Auffliegen erbeutet.
Brut: Nest auf Balken, in Mauerlöchern, auch in Holzstößen und an ähnlich ungewöhnlichen Stellen; unordentlicher Bau aus Pflanzenmaterial. 5 bis 6 Eier, hellgrau, dicht dunkel gefleckt. 2 Bruten, Gelege ab Mitte April.

Andere Rasse

Die Bachstelze kommt in Europa in zwei äußerlich gut zu unterscheidenden Rassen vor. Vögel von den Britischen Inseln haben einen schwarzen Rücken („Trauerbachstelze").

Wasserpieper

Anthus spinoletta
Familie Pieper und Stelzen

E Water (Rock) Pipit
F Pipit maritime (spioncelle)

Merkmale: Pieper sind überwiegend bräunliche, gestreifte Vögel. Wasserpieper 16,5 cm lang. Oberseite grau bis olivfarben. Beim „Bergpieper" Unterseite leicht rötlich, dunkel gestrichelt (außerhalb der Brutzeit kräftig gefleckt); beim „Strandpieper" Unterseite weißlich-rötlich mit kräftiger Streifenfleckung. Weißlicher Überaugenstreif, weiße Schwanzkanten. Dunkle Beine.
Stimme: Rufe dünn „zip", bei Erregung „psrieh". Gesang aus recht langen Strophen, zu Beginn „tschri-tschri", dann abfallend und schneller werdend. Meist in flatterndem Singflug vorgetragen.
Vorkommen: „Bergpieper" im Gebirge meist oberhalb der Baumgrenze, außerhalb der Brutzeit umherstreifend, dann an Gewässern im Binnenland, auch an den Küsten. „Strandpieper" an den Küsten. Teilzieher.
Nahrung: Vor allem Insekten, deren Larven und Spinnen.
Brut: Nest aus feinem Pflanzenmaterial, am Boden. 4 bis 5 Eier, dunkel gefleckt. Gelege ab Mai.

Ähnliche Art

In feuchtem Wiesengelände kommt der ähnliche Wiesenpieper (*Anthus pratensis*) vor: Oberseite olivbraun, Unterseite hell mit kräftigen dunklen Fleckenstreifen.

Wasseramsel

Cinclus cinclus
Familie Wasseramseln

E Dipper
F Cincle plongeur

Merkmale: Ein knapp 18 cm langer, gedrungen wirkender Vogel mit kurzem Schwanz, der oft gestelzt wird. Oberseite schwarzbraun, Kopf brauner als Rücken; weißer Kehllatz, rostbrauner Bauch. Im geradlinigen, schnurrenden Flug meist in niedriger Höhe dem Wasserlauf folgend. Nahrungssuche unter Wasser.

Stimme: Kurze, kräftige „zit"-Rufe, auch „zerb" (im Flug). Der Gesang ist eine Folge aus Pfeiftönen, trillernden und zwitschernden Passagen.

Vorkommen: An klaren, schnellfließenden Bächen und kleinen Flüssen im Hügel- und Bergland. Jahresvogel. Im Winter von den hochgelegenen Gewässern in tiefere Lagen ausweichend.

Nahrung: Im Wasser lebende Kleintiere.

Brut: Umfangreiches, kugeliges Nest mit seitlichem Eingang; an Stauwehren, in Ufermauern, unter Brücken und Wasserfällen, stets unmittelbar am Wasser. 4 bis 6 weiße Eier. 2 Bruten, erste Gelege ab März.

Bedrohung / Hilfsmaßnahmen

Durch wasserbauliche Maßnahmen und Gewässerverschmutzung sind die Bestände stellenweise stark zurückgegangen. Eine sinnvolle Hilfsmaßnahme ist die Bereitstellung von künstlichen Nisthilfen.

Rohrschwirl

Locustella luscinoides
Familie Grasmücken

E Savi's Warbler
F Locustelle luscinoïde

Merkmale: Der Rohrschwirl wird 14 cm lang. Oberseite dunkelbraun, Unterseite weißlichbräunlich, leicht rostbrauner Anflug an den Flanken. Heller Überaugenstreif. Breiter, gestufter Schwanz. Männchen und Weibchen gleich gefärbt. Versteckt lebend.
Stimme: Rufe leise „huitt", auch „gick", bei Erregung zeternd. Typisch für die Schwirle ist ein monotoner schnurrender Gesang, beim Rohrschwirl recht tief und kurz („örrr"). Der Gesang wird gerne von der Spitze eines Schilfhalmes aus vorgetragen.
Vorkommen: Vor allem Schilfröhricht am Rande von (stehenden) Gewässern. Lückenhafte Verbreitung. Sommervogel, bei uns von April bis September.
Nahrung: Insekten und andere Kleintiere, Pflanzensamen.
Brut: Bodennahes Napfnest gut versteckt in dichter Vegetation, beispielsweise in Seggenbülten. 4 bis 6 Eier, weiß, dicht rötlich gefleckt. Erste Gelege im Mai. Meist eine Jahresbrut.

Bestimmung

Die überwiegend bräunlich gefärbten Schwirle und die äußerlich sehr ähnlichen Rohrsänger sind teilweise nur sehr schwer voneinander zu unterscheiden. Gesänge hinzuziehen!

Feldschwirl

Locustella naevia
Familie Grasmücken

E Grasshopper Warbler
F Locustelle tachetée

Merkmale: Knapp 13 cm lang, also geringfügig kleiner als Rohrschwirl. Von diesem äußerlich an der olivbraunen, kräftig dunkel gestreiften Oberseite zu unterscheiden. Bürzel allerdings nur schwach gestreift. Unterseite weißlich. Schwanz gestuft und gerundet. Geschlechter gleich.
Stimme: Typischer schnurrender Gesang, aber höher und deutlich länger anhaltend als beim Rohrschwirl („sirrr"). Der Gesang bricht manchmal 2 Minuten lang nicht ab. Meist in der Morgen- und Abenddämmerung zu hören.
Vorkommen: Vor allem im Tiefland. Weniger an Feuchtbiotope gebunden als Rohrschwirl. In Feuchtwiesen, Sumpfgebieten, Mooren, Hecken. Sommervogel (April bis Oktober).
Nahrung: Vor allem Insekten und deren Larven, Spinnen.
Brut: Napfnest in dichter Vegetation am Boden oder nur wenig darüber. Gelege aus 4 bis 6 weißen, dicht rötlich oder violett gefleckten Eiern. Erste Brut im Mai. 2 Bruten im Jahr.

Stimme

Im Vergleich zur Stimme des Feldschwirls höre man sich vielleicht einmal Stimmen von Maulwurfsgrille und Heuschrecken an. Es besteht eine gewisse Verwandtschaft im Klang.

Schilfrohrsänger

Acrocephalus schoenobaenus
Familie Grasmücken

E Sedge Warbler
F Phragmite des joncs

Merkmale: Knapp 13 cm lang. Ein Rohrsänger mit einem kräftigen weißlichen Überaugenstreif. Oberseite bräunlich, kräftig dunkelbraun gestreift; Kopf ebenfalls gestreift, Bürzel allerdings ungestreift. Unterseite gelblich-weißlich, Flanken ockerfarben. Geschlechter gleich gefärbt.
Stimme: Rufe hart „zäck“ oder „zjäck“, daneben hart „errr“. Der Gesang ist eine abwechslungsreiche Folge von schnarrenden und wohltönenden Lauten; typisch sind eingebaute „woid-woid-woid“-Elemente. Von erhöhter Singwarte aus oder im Singflug vorgetragen.
Vorkommen: Verlandungszone von (stehenden) Gewässern, auch Weidendickichte und andere Feuchtgebiete. Sommervogel (April bis Oktober).
Nahrung: Vor allem Insekten.
Brut: Nest in dichter Vegetation, meist am Boden, unordentlicher Bau. 4 bis 6 dicht oliv gefleckte Eier. Gelege ab Mai. Eine Brut.

Ähnliche Art

Mit dem Schilfrohrsänger zu verwechseln ist der sehr seltene Seggenrohrsänger (*Acrocephalus paludicola*). Der Vogel wirkt aber insgesamt gelblicher und hat zusätzlich zum Überaugenstreif einen deutlichen gelblichen Scheitelstreifen.

Teichrohrsänger

Acrocephalus scirpaceus
Familie Grasmücken

E Reed Warbler
F Rousserolle effarvatte

Merkmale: Knapp 13 cm lang. Oberseite einfarbig braun, Unterseite weißlich, an den Flanken gelblich-bräunlich. Undeutlicher heller Überaugenstreif. Sehr ähnlich Sumpfrohrsänger, aber unterschiedliche Stimme. Geschlechter gleich gefärbt.
Stimme: Schnarrende Lock- und Warnrufe. Der rhythmische Gesang ist eine lange Folge von Motiven, die oft einige Male wiederholt werden: „tek tek tirri tirri tirri“ mit kratzenden Tönen. Singt meist von Schilfhalmen aus.
Vorkommen: Hauptsächlich im Röhricht am Rand von (stehenden) Gewässern. Daneben auch in kleineren Schilfbeständen auf feuchtem Grund. Sommervogel, bei uns von April bis Oktober.
Nahrung: Vor allem Insekten.
Brut: Nester werden zwischen die Halme (Schilf) gehängt. Nistet oft locker kolonieweise. 3 bis 5 Eier, auf hell grünlichem Grund grau und grünlich gefleckt. Erste Gelege im Mai. Eine Brut im Jahr.

Brutbiologie

Der Teichrohrsänger baut sehr kunstvolle Nester. Sie werden zwischen mehrere Schilfhalme gehängt und haben eine tiefe Mulde, damit Eier und Jungvögel nicht aus dem Nest fallen können, wenn heftiger Wind durch das Röhricht geht.

Sumpfrohrsänger

Acrocephalus palustris
Familie Grasmücken

E Marsh Warbler
F Rousserolle verderolle

Merkmale: Knapp 13 cm lang. Geschlechter gleich gefärbt. Oberseite olivbraun, Unterseite gelblich, Kehle weißlich. Schwacher Überaugenstreif. Insgesamt ganz ähnlich Teichrohrsänger, nur durch Stimme zu unterscheiden.

Stimme: Schnarrende Lock- und Warnrufe. Gesang ausgesprochen wohltönend und abwechslungsreich, auch durch die vielen eingestreuten Nachahmungen. Singt oft versteckt in der Vegetation.

Vorkommen: Dichte Vegetation in feuchten Gräben, feuchte Dickichte, Weidengebüsche, auch in Getreidefeldern und ähnlichen Lebensräumen weitab vom Wasser. Sommervogel (Mai bis September).

Nahrung: Vor allem Insekten.

Brut: Das Nest wird an Halmen von Schilf, Brennesseln und ähnlichen Pflanzen aufgehängt; Bau aus Pflanzenmaterial. 3 bis 5 auf hellem Grund dunkel oliv gefleckte Eier. Erste Gelege im Juni. Eine Brut im Jahr.

Stimme

Der Sumpfrohrsänger ist einer der Vögel, die Motive anderer Vögel nachahmen. Ein weiteres Beispiel für imitierende Vögel ist der Gelbspötter (*Hipolais icterina*).

Drosselrohrsänger

Acrocephalus arundinaceus
Familie Grasmücken

E Great Reed Warbler
F Rousserolle turdoïde

Merkmale: Mit 19 cm Länge deutlich größer als Teichrohrsänger; größter Rohrsänger Europas. Neben der Größe fällt vor allem der kräftigere Schnabel und der besser sichtbare Überaugenstreif auf, sonst aber ganz ähnlich wie Teichrohrsänger gefärbt. Geschlechter gleich.
Stimme: Tiefe, knarrende Lock- und Warnrufe („zeck", „kerrr" oder „karrr"). Lauter, weithin hörbarer durchdringend knarrender Gesang mit schneidenden oder sogar schrillen hohen Passagen: „karre-karre-kiet-kiet-rätt-rätt", Elemente abwechselnd wiederholt. Gesang meist frei von der Spitze eines Schilfhalms aus.
Vorkommen: Im Schilfgürtel größerer Weiher und Seen. Sommervogel (April bis September).
Nahrung: Vor allem Insekten.
Brut: Das kunstvoll gebaute Nest wird zwischen mehrere Schilfhalme gehängt. Die tiefe Mulde verhindert, daß Eier und Jungvögel bei Wind oder gar Sturm aus dem Nest fallen können. 4 bis 6 Eier, helle Grundfärbung, graue, grüne und braune Flecken. Beginn der Eiablage im Mai. Eine Brut.

Bedrohung

Die Bestände des Drosselrohrsängers sind in letzter Zeit stark zurückgegangen. Ursache ist vor allem der Verlust an Lebensraum.

Sommervogel 1

Blaukehlchen

Cyanosylvica suecica — E Bluethroat
Familie Sänger — F Gorge-bleue à miroir

Merkmale: 14 cm lang. Männchen in der Brutzeit oberseits braun, heller Überaugenstreif, Bürzel rostbraun. Unterseite weißlich mit blauem Brustlatz, in der Mitte ein weißer Fleck, zum Bauch hin durch ein schwarz-weiß-rost-braunes Band abgesetzt. Weibchen in der Färbung ähnlich, aber anstelle des blauen Latzes schmutzigweißer, ausgefranst schwarz begrenzter Fleck, meist mit nur wenig Blau.
Stimme: Weiche „huit"-Rufe, aber auch scharf „teck". Gesang abwechslungsreich, wohltönende und hart klingende Passagen mit eingebauten Imitationen.
Vorkommen: Moore, Dickichte in Sumpfgebieten, Gebüsche am Ufer von Flüssen und Seen. Sommervogel (März bis Oktober).
Nahrung: Insekten, deren Larven und andere Kleintiere, daneben auch Beeren.
Brut: Napfnest aus Pflanzenmaterial, nahe über dem Boden in dichter Vegetation. 5 bis 7 grünliche oder bräunliche Eier. Erste Gelege Ende April. Eine Brut.

Andere Rasse

In Skandinavien (und an wenigen Stellen in den Alpen) kommt eine zweite Rasse – das Rotsternige Blaukehlchen – vor. Es hat anstelle des weißen Flecks der mitteleuropäischen Rasse einen roten.

Bartmeise

Panurus biarmicus
Familie Papageischnäbel

E Bearded Tit
F Mésange à moustaches

Merkmale: 16,5 cm lang. In beiden Geschlechtern mit zimtfarbener Oberseite, ebenso gefärbtem auffällig langem Schwanz und rötlich-grauer Unterseite. Schwarzer Unterschwanz. Kopf des Männchens grau gefärbt, mit auffälligem schwarzen Bartstreifen (daher der Name!) vom Auge aus nach unten. Dem Weibchen fehlt diese Kopfzeichnung. Klettert geschickt im Röhricht herum.
Stimme: Nasale, auch gereihte, wie „dschwing“ oder „tcheng“ klingende Flugrufe, daneben Rufe wie „pitt“ und rauh „tschirr“ klingend. Gesang aus gereihten Strophen nur selten zu hören.
Vorkommen: In Röhricht größerer Weiher und Seen. Jahresvogel, aber einige Vögel auch Teilzieher. Von Zeit zu Zeit Invasionen.
Nahrung: Insekten und andere Kleintiere, Pflanzensamen.
Brut: Nest tiefer Napf aus Pflanzenmaterial, steht inmitten des Rohrwaldes nahe am Boden. 5 bis 7 rahmfarbene Eier mit sparsamer schwarzbrauner Zeichnung. Gelege ab Ende April. 2 Bruten.

Verbreitung

Bartmeisen waren lange Zeit sehr selten bei uns. Seit den sechziger Jahren mehren sich aber Beobachtungen und Brutnachweise. Dennoch lückenhaftes und unregelmäßiges Vorkommen.

Beutelmeise

Remiz pendulinus
Familie Beutelmeisen

E Penduline Tit
F Rémiz penduline

Merkmale: Knapp 11 cm lang. Geschlechter fast gleich gefärbt: Kopf grau mit breiter schwarzer Maske von der Schnabelwurzel bis in die Wange. Kehle weißlich, Rücken rotbraun, schwarz und grau, Schwanz grau. Weibchen oben am Kopf eher graubraun, Wangenfleck etwas kleiner, Oberseite weniger kräftig braun gefärbt als beim Männchen.
Stimme: Hohe und feine gedehnte „zieh" – oder „siiüü"-Rufe sind typisch. Gesang aus rufähnlichen und weiteren Lauten.
Vorkommen: Gebüsche in Sumpfgebieten, Weidendickichte, gebüschartige Bestände von Erlen und Pappeln. Sommervogel, aber kein ausgeprägter Zug.
Nahrung: Überwiegend kleine Insekten und Samen.
Brut: Hängenest an Zweigen im Gebüsch. 5 bis 8 längliche, weiße Eier. Erste Gelege im Mai. Eine Brut im Jahr.

Brutbiologie

Beutelmeisen bauen ausgesprochen kunstvolle Nester. Zunächst wird ein Ring aus Pflanzenfasern und Tierwolle angelegt. Nach und nach werden die Wände vervollkommnet, und schließlich wird die Eingangsröhre ausgebaut. Das Nest hängt stets an den äußersten Zweigen von Bäumen und Büschen, oft über dem Wasser.

Jahresvogel

Weidenmeise

Parus montanus
Familie Meisen

E Willow Tit
F Mésange boréale

Merkmale: 11,5 cm lang. Unscheinbar graubraune Gefiederfärbung, mattschwarze Kopfplatte, schwarze Kehle. Oberseite dunkler braun als Unterseite, Kopfseiten und Brust weißlich, Flanken gelblich-braun. Helles Feld im Flügel.
Stimme: Häufigster Ruf ist das typische, gedehnte „däh“, oft langsam wiederholt, auch „zi-zi-däh-däh“. Reviergesang ein einförmiges „ziü-ziü-ziü“.

Vorkommen: Weidendickichte, Erlenbruchwälder, Birkenbrüche und Auwälder; bis in Berglagen. Jahresvogel.
Nahrung: Insekten, Spinnen und andere Kleintiere, Samen.
Brut: Nistet in Baumhöhlen, die sie selbst zimmert oder erweitert. Nest aus Moos, Haaren und Federn zusammengebaut. 6 bis 9 weißliche Eier mit feiner rötlicher Punktierung. Gelege ab April. 2 Bruten im Jahr.

Ähnliche Art

In Gärten, Obstbaumbeständen, Heckengelände, Feldgehölzen und Laubwäldern im Tiefland kommt die ähnliche Sumpfmeise (*Parus palustris*) vor. Sie besitzt gegenüber der Weidenmeise eine glänzend schwarze Kopfplatte und einheitlich gefärbte Flügel. Rufe klingen wie „zjäh“ oder „pistjä“, nicht so gedehnt wie bei Weidenmeise.

Rohrammer

Emberiza schoeniclus
Familie Ammern

E Reed Bunting
F Bruant des roseaux

Merkmale: Etwas über 15 cm lang, sperlingsgroß. Beide Geschlechter auf der Oberseite dunkelbraun mit schwarzen Flekkenstreifen in Längsrichtung. Unterseite weißlich-grau. Männchen mit schwarzer Kopfkappe, durch weißen Streifen von der schwarzen Kehle und vom braunen Rücken abgesetzt. Weibchen unscheinbarer als Männchen, auf der Unterseite mit dunkler Langsfleckung. Kopf bräunlich, zart dunkel gestreift. An den Seiten der Kehle dunkler Streifen.

Stimme: Einfache, gedehnte „zieh"-Rufe, Gesang kurz, langsam beginnend, dann beschleunigt, teilweise sperlingsartig schilpend, abgehackt.
Vorkommen: Schilfröhricht, feuchte Dickichte. Teilzieher.
Nahrung: Kleintiere, vor allem Insekten, und Sämereien.
Brut: Nest am Boden in dichter Vegetation (Seggenbülten). 4 bis 6 Eier, bräunlich, dicht mit schwarzen oder violetten Flecken und Linien besetzt. Gelege ab April. Meist 2 Bruten im Jahr.

Bestimmung

Auf Grund der markanten Färbung und Zeichnung des Kopfes ist das Männchen zur Brutzeit unverkennbar. Außerdem ist die Rohrammer der einzige ammernartige Vogel im Schilf- und Seggenwald.

Haubentaucher

Podiceps cristatus
Familie Lappentaucher

E Great Crested Grebe
F Grèbe huppé

Merkmale: 48 cm lang. Im Brutkleid graubraune Oberseite, an den Flanken heller, Bauch weiß. Hals auf der Rückseite dunkel, auf der Vorderseite weiß. Auffällige Kopfzeichnung: Schwarze Haube (daher der Name!) und schwarze und rostrote Halskrause. Junge mit schwarz-weiß gestreiftem Kopf.
Stimme: Rufe klingen bellend, etwa „körr-arr“, daneben verschiedene andere schrille Töne.

Vorkommen: Größere Weiher, Teiche und vor allem Seen. Teilzieher, viele Überwinterer.
Nahrung: Überwiegend kleine Fische, daneben Kaulquappen, Wasserinsekten und deren Larven, Schnecken und Krebse.
Brut: Schwimmnest in der Vegetationszone stehender Gewässer. 2 bis 6 zunächst weiße, später bräunliche Eier. Erste Gelege Ende April. Eine Brut im Jahr, bisweilen auch 2 Bruten.

Brutbiologie

Die Lappentaucher legen schwimmende kleine Plattformen aus Pflanzenmaterial an, um zu brüten. Wegen der Fäulnis der zum Nestbau verwendeten Pflanzen nehmen die bei der Eiablage weißen Eier bald eine bräunliche Färbung an. Beim Verlassen des Nestes wird das Gelege von den Altvögeln mit Nistmaterial abgedeckt.

Rothalstaucher

Podiceps griseigena
Familie Lappentaucher

E Red-necked Grebe
F Grèbe à joues grises

Merkmale: 43 cm lang. Im Brutkleid Oberseite graubraun, an den Flanken heller, auf dem Bauch weiß. Hals auf der Rückseite graubraun, auf der Vorderseite rotbraun (daher der Name!). Kehle und Wangen grau-weiß, Kopfplatte schwarz mit undeutlicher Haube. Schnabel mit gelber Wurzel und dunkler Spitze. Geschlechter gleich gefärbt.
Stimme: Hohe „keck"-Rufe, daneben langgezogene, wiehernde Rufreihen.

Vorkommen: Zur Brutzeit an stehenden Gewässern, im Winter vor allem auf Küstengewässern. Sommervogel (April bis September).
Nahrung: Vor allem kleine Fische, daneben in wechselnder Menge Wasserinsekten, Schnekken, Kaulquappen.
Brut: Nest in der Vegetation (im Schilfgürtel) am Rande stehender Gewässer. 4 bis 5 zunächst weiße, später bräunliche Eier. Erste Gelege im Mai. Eine Brut im Jahr.

Bestimmung / Ähnliche Arten

Rothalstaucher im Winterkleid sind nicht leicht von Haubentauchern (und anderen Lappentauchern) zu unterscheiden. Hier sehe man genau hin. Im übrigen sind im Winter auch Ohrentaucher (*Podiceps auritus*) aus Skandinavien bei uns vertreten.

Sommervogel 1

Schwarzhalstaucher

Podiceps nigricollis
Familie Lappentaucher

E Black-necked Grebe
F Grèbe à cou noir

Merkmale: 30 cm. Im Brutkleid auf der Oberseite schwarzbraun, an den Flanken rostrot, Bauch grauweiß. Hals schwarz, Kehle schwarz und Kopf schwarz (daher der Name!). Hinter dem Ohr ein gelbes Federbüschel. Rote Iris. In der Silhouette fallen die hohe Stirn und der dunkle, aufgeworfene Schnabel auf. Männchen und Weibchen gleich gefärbt.
Stimme: Ansteigende, quiekende „huit"-Rufe. Insgesamt wie alle Lappentaucher wenig ruffreudig.

Vorkommen: Flache Weiher und Seen. Im Winter auch auf Talsperren und Flüssen. Sommervogel (April bis Spätherbst).
Nahrung: Im Wasser lebende Kleintiere, daneben gelegentlich kleine Fische.
Brut: Nest in der Vegetationszone von Weihern und Seen. Oft in kleinen Gruppen zusammen mit Artgenossen brütend. 3 bis 4 anfangs weiße, später bräunliche Eier. Gelege ab Mai. Eine Brut im Jahr.

Bestimmung

Im Winterkleid auf dem Rücken dunkelgrau, an den Seiten hellgrau, am Bauch weiß. Rückseite des Halses dunkler grau als Vorderseite. Kopfplatte dunkelgrau. Bestes Kennzeichen ist der dunkelgraue Ohrfleck.

Teilzieher 3

Zwergtaucher

Tachybaptus ruficollis
Familie Lappentaucher

E Little Grebe
F Grèbe castagneux

Merkmale: 27 cm lang. Ein relativ kleiner, rundlicher Wasservogel mit kurzem Hals und recht kurzem, dickem Schnabel. Im Brutkleid auf dem Rücken dunkelbraun, auf der Unterseite heller graubraun, an den Seiten des Halses kastanienbraun, an der Schnabelwurzel gelb. Taucht bei der Nahrungssuche, auch bei Gefahr. Zur Brutzeit versteckt lebend, sonst weniger heimlich.
Stimme: Kurzes, helles Trillern, das zu allen Jahreszeiten, besonders aber in der Paarungszeit, zu hören ist: „bi bi bi bi." Alarmruf scharf „pit".
Vorkommen: An Weihern und Seen, auch in Städten und Dörfern. Im Winter ebenfalls auf stehenden Gewässern, aber auch auf Flüssen. Teilzieher.
Nahrung: Kleine Wassertiere, Pflanzenteile.
Brut: Baut eine schwimmende Plattform aus Teilen von Wasser- und Uferpflanzen. 5 bis 6 weiße, dann bräunliche Eier; Gelege ab März/April. 2 Bruten, unter günstigen Bedingungen auch 3.

Bestimmung

Im Ruhekleid sind die Vögel graubraun gefärbt, viel heller als im Brutkleid. Außerdem fehlen dann die braune Halsfärbung und das Gelb an der Schnabelwurzel.

Zwergrohrdommel

Ixobrychus minutus
Familie Reiher

E Bittern
F Butor blongios

Merkmale: 36 cm lang. Kleiner, heimlicher Reiher, der ganz an das Leben im Schilfröhricht angepaßt ist. Beim Männchen Rücken, Schultern und Scheitel schwarzgrün, schillernd, Flügeldecken gelblich. Unterseite gelblich, leicht gestreift. Weibchen unscheinbarer: Rücken dunkelbraun und hellbraun marmoriert, Brust gelblich mit hellbrauner Streifung.
Stimme: Quakende Laute, die an Frösche erinnern.

Vorkommen: An größeren Weihern und Seen, auch an Altwassern und anderen Flußabschnitten mit dichter Ufervegetation. Sommervogel; bei uns von April bis Oktober.
Nahrung: Fische, Frösche, Kaulquappen, Wasserinsekten und deren Larven, andere Kleintiere.
Brut: Horst aus Pflanzenmaterial (Halme von Schilf und Rohrkolben) gut versteckt in dichter Vegetation (Röhricht). 5 bis 6 weiße Eier. Gelege ab Mai. Eine Brut.

Verhalten

Wenn Rohrdommeln sich gestört fühlen, nehmen sie die sogenannte Pfahlstellung ein, d. h., Hals und Kopf werden senkrecht nach oben gerichtet, damit die Umrisse des Vogels mit dem Gewirr der Schilfhalme verschwimmen (Tarnung).

Mandarinente

Aix galericulata
Familie Entenvögel

E Mandarin
F Canard mandarin

Merkmale: 43 cm lang. Gedrungene Schwimmente mit großem Kopf und kleinem Schnabel. Männchen bunt und exotisch: aufgestellte, dreieckige, orangefarbene Federsegel auf den Flügeln, orangefarbener Kopf mit breitem, weißem Überaugenstreif, kastanienbrauner Bug, dahinter schwarz-weiße Bänderung und an den Flanken graubraun. Weibchen unscheinbar graubraun gefärbt; weißliche Flecken an den Flanken und weißer, in einen kurzen Streif ausgehender Ring um das Auge herum.

Stimme: Männchen rufen scharf pfeifend „wrick", auch gereiht; Weibchen rufen „ack".
Vorkommen: Stehende und langsam fließende, mit Bäumen bestandene Gewässer. Als Wildvogel in Südostasien brütend. In Europa seit der ersten Hälfte des 18. Jahrhunderts eingeführt. Jahresvogel.
Nahrung: Wasserpflanzen, Sämereien, wasserlebende Kleintiere.
Brut: Höhlenbrüter; Nester in Baumhöhlen, Steinhaufen und dichter Vegetation. 7 bis 12 weiße Eier.

Ähnliche Art

Eine ähnlich exotisch bunte Schwimmente unserer Parks, die bisweilen verwildert, ist die Brautente (*Aix sponsa*) aus Nordamerika.

Stockente

Anas platyrhynchos E Mallard
Familie Entenvögel F Canard col-vert

Merkmale: 58 cm lang. Bekannte Schwimmente. Erpel mit flaschengrünem, schillerndem Kopf, gelbem Schnabel, weißem Halsring, kastanienbrauner Brust und schwarzweißem Hinterende mit 4 hakig gebogenen, schwarzen Schwanzfedern; übriges Gefieder hellgrau. Weibchen braun und hell-braun gestreift und gefleckt. Beine orange.
Stimme: Typische und unverkennbare, laute „rähb, rähb"-Rufe; daneben in der Balzzeit ein Spektrum anderer Rufe.

Vorkommen: Überall häufig an stehenden und langsam fließenden Gewässern. Jahresvogel.
Nahrung: Sehr vielseitig, abhängig von Lebensraum und Jahreszeit. Teile von Wasserpflanzen, Gras, Früchte, Kleintiere, daneben Brot und Fischfutter.
Brut: Nest aus Pflanzenmaterial der Umgebung, flache Nestmulde mit Dunen ausgepolstert. Meist in dichter Vegetation nahe am Ufer. 7 bis 11 gelbliche, grünliche oder leicht bräunliche Eier. Eine Brut, Gelege ab März.

Bestimmung

Erpel im Ruhekleid ähneln dunkel gefärbten Weibchen. Fliegende Stockenten erkennt man an den blaugrün schillernden, weiß eingefaßten Flügelspiegeln.

Schnatterente

Anas strepera — E Gadwall
Familie Entenvögel — F Canard chipeau

Merkmale: 51 cm lange Schwimmente. Erpel im Brutkleid überwiegend grau im Gefieder. Mit braunen Flügeldecken und schwarzem Flecken am Hinterrand des Flügels, vor allem im Flug sichtbar. Schwarzes Feld auf dem Rükken, schwarz unter dem Schwanz. Weibchen unscheinbar braun und hellbraun gefleckt und gestreift, ähnlich Weibchen der Stockente. Beide Geschlechter mit weißem Bauch und orangegelben Beinen.
Stimme: Erpel rufen bei der Balz typischerweise „ärp ärp“, dann folgt ein Pfiff. Auffliegende Vögel und Weibchen quaken ähnlich wie Stockenten.
Vorkommen: An stehenden und langsam fließenden Gewässern. Jahresvogel; im Winter Ausweichen auf offene Wasserflächen.
Nahrung: Hauptsächlich pflanzliche Nahrung, daneben Kleintiere.
Brut: Bodennest aus Pflanzenmaterial in der Nähe des Wassers, in dichter Vegetation angelegt. 8 bis 12 gelblich-weiße Eier. Gelege ab April. Eine Brut im Jahr.

Bestimmung

Fliegende Schnatterenten erkennt man vor allem an dem hellen, scharf gegen das übrige Gefieder abgesetzten Bauch und den weißen Spiegeln.

Weibchen von Enten und Sägern

Mittelsäger

Zwergsäger

Gänsesäger

Bergente

Schnatterente

Schellente

Stockente
Tafelente
Reiherente
Mandarinente
Spießente
Kolbenente
Löffelente

Krickente

Anas crecca
Familie Entenvögel

E Teal
F Sarcelle d'hiver

Merkmale: Mit 36 cm Länge eine deutlich kleinere Schwimmente als die Stockente, kleinste europäische Ente überhaupt. Erpel im Brutkleid oberseits grau mit deutlichem weißem Längsstreifen an der Seite. Kopf tief rotbraun, mit breitem, gelblich eingefaßtem grünen Streifen vom Auge zum Nacken. Gelbe Dreiecke am Unterschwanz, Hinterleib sonst schwarz. Weibchen bräunlich, an den Seiten deutlich marmoriert.
Stimme: Erpel lassen laute „krit"- oder „krilük"-Rufe ertönen, die Weibchen ein rauhes, schnelles „gägägä".
Vorkommen: Weiher und Teiche mit dichter Vegetation, Sumpfgebiete und Moore. Bei uns bedrohter Brutvogel, aber viele Durchzügler und Wintergäste.
Nahrung: Teils pflanzliche Nahrung, teils Kleintiere, die im und am Wasser leben.
Brut: Nest aus Pflanzenmaterial in dichtem Pflanzenbewuchs nahe am Wasser. 8 bis 11 Eier, gelblich bis graugrün. Gelege ab April. Eine Brut im Jahr.

Bestimmung

Im Flug fallen neben der geringen Größe die außen schwarzen, innen glänzend grünen, vorne und hinten weiß eingefaßten Spiegel und die weißen Längsstreifen auf dem Rücken ins Auge.

Sommervogel 2

Knäkente

Anas querquedula
Familie Entenvögel

E Garganey
F Sarcelle d'été

Merkmale: 38 cm lang, mit Krickente zur gleichen Größenklasse gehörend. Erpel im Brutkleid an den Seiten grau, fein dunkel quergebändert, auf dem Rücken bräunlich, Hinterende hell bräunlich mit dunkelbrauner Bänderung. Auf der Brust dunkelbraun, an den Seiten des Kopfes heller braun. Weißer, gebogener Überaugenstreif. Weibchen unscheinbar braun und hellbraun gestreift und gefleckt, mit hellen Wangen.
Stimme: Erpel lassen bei Erregung einen ganz bezeichnenden „klerreb"-Ruf hören, klingt, als wenn man über einen hölzernen Kamm streicht. Balzende Erpel rufen auch „jäck-jäck-jäck", Weibchen „knäk".
Vorkommen: Weiher und Teiche mit dichter Vegetation, Sumpfgebiete und Moore. Sommervogel, bei uns von März bis September. Viele Durchzügler, dagegen kaum überwinternde Vögel.
Nahrung: Sowohl pflanzliche wie tierische Bestandteile.
Brut: Bodennest gut versteckt in der Pflanzendecke. 8 bis 11 rahmgelbe Eier. Gelege ab Mitte Mai. Eine Brut im Jahr.

Bestimmung

Fliegende Erpel erkennt man an den blaugrauen Vorderflügeln und den grünen, vorne und hinten breit weiß eingefaßten Spiegeln.

Spießente

Anas acuta
Familie Entenvögel

E Pintail
F Canard pilet

Merkmale: Schwimmente. 56 cm lang. Männchen insgesamt sehr hell. Kopf und Halsansatz schokoladenbraun; mit weißem Längsstreifen, in die weiße Vorderseite des Halses und den weißen Bauch einmündend. Rücken und Flanken fein schwarz und weiß quergewellt. Vor dem schwarzen Unterschwanz breites rahmfarbenes Band. Auffällig lange, spitze Schwanzfedern. Weibchen unscheinbar braun und hellbraun gestreift und gefleckt, ebenfalls mit spitzem Hinterende.

Stimme: Erpel lassen tiefe, laute „krick"-Rufe (ähnlich Krickente) und Pfeiftöne hören, Weibchen rufen schnarrend „rärrärr".

Vorkommen: Sumpfgebiete und Moore. Im Winter in Küstengewässern. Unsere Population Sommervögel (April bis September).

Nahrung: Triebe und Samen, Kleintiere.

Brut: Nest versteckt im Pflanzenbewuchs. 7 bis 12 Eier, rahmfarben bis leicht grünlich. Gelege ab April. Eine Brut im Jahr.

Bestimmung

Fliegende Erpel erkennt man an der weißen Unterseite, den langen Schwanzfedern und den grünen, vorne und hinten schmal weiß eingefaßten Spiegeln.

Löffelente

Anas clypeata
Familie Entenvögel

E Shoveler
F Canard souchet

Merkmale: Schwimmente. 51 cm lang. Erpel mit glänzend flaschengrünem Kopf. Brust weiß. Bauch und Flanken kastanienbraun, gegen den vorne dunkelbraunen, hinten schwarzen Rücken weiß abgesetzt. Schwarzer Unterschwanz. Weibchen unscheinbar braun und hellbraun gestreift und gefleckt. Löffelförmiger Schnabel.

Stimme: Wie viele Enten nur wenig zu hören. Balzende Erpel rufen „rro, rro". Weibchen mit zweisilbigem Quaken.

Vorkommen: Sumpfgebiete, Weiher und Teiche mit dichter Vegetation. Nur selten in Küstengewässern. Bestand bei uns bedroht. Sommervogel (Ende März bis September). Viele Durchzügler, aber kaum Überwinterer.

Nahrung: Kleine Pflanzenteile, Kleintiere. Nahrung wird von der Wasseroberfläche geseiht.

Brut: Bodennest gut versteckt im Pflanzenbewuchs nahe am Wasser. 8 bis 12 Eier, rahmgelb bis grünlich. Gelege ab Mai. Eine Brut im Jahr.

Bestimmung

Im Flug fallen beim Erpel der dunkle Kopf und der braune Bauch auf, sonst sehr hell im Gefieder, Spiegel grün. Der Löffelschnabel ist länger als der Kopf!

Durchzügler | Wintergast | V

Pfeifente

Anas penelope — E Wigeon
Familie Entenvögel — F Canard siffleur

Merkmale: 46 cm lange Schwimmente. Auffälligstes Merkmal des Erpels im Brutkleid ist der rotbraune Kopf mit dem gelblichen Scheitel. Brust rötlich-braun. Auf der Oberseite und an den Seiten grau, Unterseite weiß. An den Seiten weißer Längsstreifen. Hinterende schwarz. Weibchen unscheinbar, rotbraun im Gefieder, gestreift und gefleckt.
Stimme: Erpel stoßen bezeichnende, wie „huihu“ klingende Pfiffe aus (daher der Name!). Von den Weibchen hört man schnarrende „terrr“-Rufe.

Vorkommen: Sumpfgebiete, Moore und vegetationsreiche Binnengewässer. Zur Zugzeit und im Winter im Binnenland mäßig vertreten, häufig dagegen auf Küstengewässern (Durchzügler und Wintergäste).
Nahrung: Überwiegend pflanzliche Anteile. Nimmt nicht nur Pflanzenmaterial im Wasser oder vom Rand auf, sondern geht auch auf Grünland.
Brut: Nest versteckt am Boden in dichter Vegetation. 7 bis 9 rahmfarbene Eier. Gelege ab Ende April. Eine Brut im Jahr.

Bestimmung

Im Flug erkennt man die Pfeifente an dem braunen Kopf und dem großen, weißen Feld am Vorderrand des Flügels, Spiegel grün.

Kolbenente

Netta rufina
Familie Entenvögel

E Red-crested Pochard
F Nette rousse

Merkmale: 56 cm lang. Tauchente, also tiefer im Wasser liegend als eine Schwimmente; Rückenlinie fällt zum Wasser hin ab. Kopf und Kehle der Kolbenentenerpel fuchsrot. Kopffedern können gesträubt werden. Hals, Brust und Bauch schwarz, Seiten des Bauches aber weiß. Rücken braungrau, Hinterende schwarz. Schnabel leuchtend rot. Weibchen bräunlich, Rücken und Scheitel dunkler als Seiten. Grauer Schnabel mit roter Spitze.
Stimme: Außerhalb der Fortpflanzungszeit nur selten zu hören. Erregte Erpel rufen „bät, bät", Weibchen leise knarrend, quakend, im Flug „wa-wa-wa".
Vorkommen: Seen mit dichter Vegetation. In Mitteleuropa überwiegend nur im Sommer anzutreffen (Februar bis September), unregelmäßige Zugbewegungen.
Nahrung: Vorwiegend Teile von Wasserpflanzen, daneben nur ganz wenig Kleintiere.
Brut: Nest aus Pflanzenteilen nahe am Wasser. 8 bis 11 gelblichgraue oder grünliche Eier. Gelege ab Mai. Eine Brut im Jahr.

Bestimmung

Fliegende Kolbenenten erkennt man außer an der Färbung auch an den Flügeln mit ihren weißen Vorderkanten und Längsstreifen.

Sommervogel | Durchzügler | Wintergast

Tafelente

Aythya ferina
Familie Entenvögel

E Poachard
F Fuligule milouin

Merkmale: 46 cm. Vom Anfänger ist diese Tauchente vielleicht mit der Kolbenente zu verwechseln. Kopf des Erpels aber braunrot, gegen den Rücken durch einen breiten schwarzen Ring abgesetzt. Rücken grau, Flanken hellgrau, Bauch fast weiß, Hinterende schwarz. Schnabel grau mit schwarzer Wurzel und Spitze. Weibchen insgesamt unscheinbar braun, am Vorderende dunkler als am Hinterende.

Stimme: Erpel rufen zur Balzzeit „quick-quick“, erregte Weibchen rufen schnarrend „quärr“.

Vorkommen: Brut an großen Weihern und Seen im Binnenland. Im Winter auch auf Talsperren und Flüssen, kaum an der Küste anzutreffen. Sommervogel (Februar bis August/September). Zahlreiche Durchzügler und Wintergäste. Zug je nach den klimatischen Bedingungen im Brutgebiet.

Nahrung: Teils pflanzliche Nahrung, teils Kleintiere.

Brut: Nest aus Pflanzenteilen am Boden, versteckt in der Vegetation. 5 bis 12 graugrüne Eier. Gelege ab April. Eine Brut im Jahr.

Bestimmung

Bei fliegenden Tafelenten sieht man einen weißlich-grauen Längsstreifen im hinteren Teil des Flügels.

Jahresvogel | Durchzügler | Wintergast | 1

Moorente

Aythya nyroca
Familie Entenvögel

E Ferruginous Duck
F Fuligule nyroca

Merkmale: 41 cm lang. Bis auf den weißen Bauch (beim Schwimmen nicht sichtbar) einheitlich braune Tauchente. Erpel mehr rotbraun, Weibchen mehr schwarzbraun. Rücken dunkler als Flanken. Unter dem Schwanz weiß. Erpel und alte Weibchen mit weißer Iris, Weibchen sonst mit dunkler Iris.
Stimme: Leise, stöhnende und heisere Rufe des Erpels. Vom Weibchen hört man schnarrende Rufe.
Vorkommen: Flache Weiher und Seen mit dichtem Pflanzenbewuchs und teilweise nur geringer freier Wasserfläche. Außerhalb der Fortpflanzungszeit auch auf offenen Gewässern. In Mitteleuropa überwiegend Jahresvogel. Durchzügler und Wintergäste aus anderen Brutgebieten.
Nahrung: Teilweise Kleintiere, die im und am Wasser leben (Kleinkrebse, Insekten, Schnecken, Muscheln), aber wohl überwiegend pflanzliche Nahrung.
Brut: Nest aus Pflanzenmaterial gut versteckt zwischen den Uferpflanzen. 7 bis 11 gelblich-bräunliche Eier. Gelege ab Mai. Eine Brut im Jahr.

Bestimmung

Im Flug wird ein weißer Längsstreifen im hinteren Teil des Flügels sichtbar, der sich deutlich von der dunklen Flügelfläche abhebt.

Jahresvogel | Durchzügler | Wintergast

Reiherente

Aythya fuligula
Familie Entenvögel

E Tufted Duck
F Fuligule morillon

Merkmale: 43 cm lange Tauchente. Erpel mit kontrastreicher Färbung: Kopf schwarz mit deutlicher Federhaube. Brust, Rücken und Hinterende ebenfalls schwarz. Flanken und Bauch weiß. Weibchen an Kopf (Federhaube kleiner als bei Männchen), Brust und auf der Oberseite dunkelbraun, an Flanken und Bauch heller braun. Um den Schnabel herum schmaler weißer Ring.
Stimme: Schnarrend „arrr". Balzende Erpel rufen leise „bück bück bück". Weibchen lassen in Erregung „krr krr"-Rufe hören.

Vorkommen: Große Weiher und Seen im Binnenland. Im Winter auch auf Talsperren und Flüssen. Bei uns sowohl Brutvogel wie Durchzügler und Überwinterer.
Nahrung: Überwiegend tierische Nahrung; beispielsweise werden Muscheln tauchend vom Gewässerboden geholt; daneben Wasserinsekten und andere im Wasser lebende Kleintiere.
Brut: Nest versteckt in der Ufervegetation, bisweilen offen auf kleinen Inseln. 6 bis 11 graugrüne Eier. Erste Gelege Ende April. Eine Brut im Jahr.

Bestimmung

Im Flug wird ein weißer Längsstreifen im hinteren Teil des Flügels sichtbar. Hebt sich deutlich von der dunklen Flügelfläche ab.

Bergente

Aythya marila	E Scaup
Familie Entenvögel	F Fuligule milouinan

Merkmale: Tauchente, mit 48 cm Länge etwas größer als Reiherente, der sie in der Färbung ähnelt. Erpel aber mit grauem Rücken. Kopf schwarzgrün schillernd, Federhaube fehlt. Weibchen ganz ähnlich Reiherente, aber weißer Ring um den Schnabel herum breiter.

Stimme: Nasale, pfeifende und gurrende Rufe des balzenden Erpels. Rauhe und tiefe „karr"-Rufe des Weibchens.

Vorkommen: Zur Brutzeit auf Weihern in der Tundra, in Mooren, an Weihern und Seen im Binnenland, aber auch an der Küste. Im Winter meist in Küstengewässern, daneben in geringer Zahl auf tiefen Seen im Binnenland. Bei uns nur als Durchzügler und Wintergast.

Nahrung: Überwiegend tierische Nahrung; die tauchend vom Gewässerboden heraufgeholt wird: Muscheln, Schnecken, Kleinkrebse und Wasserinsekten.

Brut: Nest nahe am Wasser. 6 bis 9 Eier. Erste Gelege im Mai. Eine Brut im Jahr.

Bestimmung

Im Flug wird ein weißer Längsstreifen im hinteren Teil des Flügels sichtbar, der sich deutlich von der dunklen Flügelfläche abhebt. Rücken aber im Gegensatz zur sehr ähnlichen Reiherente grau!

Durchzügler | Wintergast | 2

Schellente

Bucephala clangula
Familie Entenvögel

E Goldeneye
F Garrot à oeuil d'or

Merkmale: 46 cm lange, sehr hell wirkende Tauchente. Kopf beim Erpel schwarz-grün schillernd, mit rundem weißen Fleck an der Schnabelwurzel. Iris gelb. Rükken schwarz mit weißlichem Streifenmuster am Übergang zu den Flanken. Bauch weiß. Hinterende schwarz. Weibchen mit braunem Kopf, sonst grau.
Stimme: Die Erpel lassen einen nasalen Doppelruf hören, die Weibchen heisere Rufe. Im Flug charakteristisches Pfeifen der Schwingen (daher der Name!).

Vorkommen: Binnenseen, aber auch Gewässer an der Küste. Brutvogel im nördlichen Mitteleuropa und in Skandinavien. Bei uns regelmäßig als Durchzügler und Wintergast.
Nahrung: Nur wenig pflanzliche Nahrung, überwiegend Kleintiere.
Brut: Nistet in Höhlen. Nimmt sowohl natürliche Höhlen in Bäumen an wie auch Nistkästen entsprechender Größe. 6 bis 11 Eier, blaugrün. Erste Gelege Ende März. Eine Brut im Jahr.

Brutbiologie

Die jungen Schellenten sind – wie alle Enten – Nestflüchter. Nach dem Schlüpfen springen sie aus der Höhle ab, um dann zu Fuß zum nächsten Gewässer zu marschieren.

Durchzügler | Wintergast | W

Zwergsäger

Mergellus albellus — E Smew
Familie Entenvögel — F Harle piette

Merkmale: 41 cm lang. Säger sind entenähnliche Schwimmvögel mit schlanken, an den Rändern gesägten Schnäbeln (Name!) mit Hakenspitze. Der Zwergsäger ist die kleinste europäische Art. Männchen überwiegend weiß und hellgrau im Gefieder, Hinterende dunkelgrau. Um das Auge herum schwarz, schwarzer Streifen vom Auge zum Hinterkopf. Vorderrücken und Flügelspitzen ebenfalls schwarz. Weibchen grau. Wangen, Kehle und Vorderseite des Halses leuchtend weiß, Kopfplatte und Rückseite des Halses rotbraun.
Stimme: Bei der Balz hört man von den Erpeln knarrende „krr-eck"-Rufe. Weibchen rufen ähnlich.
Vorkommen: Brut an Gewässern mit Baumbewuchs. Im Winter auf Seen, Flüssen, Staustufen. Bei uns nur Durchzügler und Wintergast.
Nahrung: Kleintiere und Fische.
Brut: Nest in Baumhöhlen. Gelege aus 6 bis 9 rahmfarbenen Eiern. Beginn der Eiablage Mitte Mai. Eine Brut im Jahr.

Bestimmung

Ein kleiner, sehr hell wirkender Schwimmvogel. Im Flug fallen beim Männchen vor allem der weiße Hals, der überwiegend weiße Rücken und die ausgedehnten weißen Felder in den Flügeln auf.

Teilzieher | Durchzügler | 4

Mittelsäger

Mergus serrator
Familie Entenvögel

E Red-breasted Merganser
F Harle huppé

Merkmale: 58 cm lang. Männchen mit grünlich-schwarzem Kopf, von dem braunen, dunkel fleckengestreiften Brustband durch ein breites weißes Halsband abgesetzt. Dahinter schwarz-weiß geflecktes Band. Rücken schwarz-grün, Flanken und Bauch grau und weiß. Hinterende dunkelgrau. Weibchen grau, am Hals unscharf in rotbraune Kopffärbung übergehend, Kehle weißlich. Füße und Schnabel rot.
Stimme: Nur selten zu hören. Bei der Balz tiefe, heisere Rufe.
Vorkommen: Brut an Seen und an der Meeresküste. Außerhalb der Brutzeit bevorzugt in Küstengewässern. Zuzug von Vögeln aus nördlichen Gebieten.
Nahrung: Von Kleintieren bis zu kleinen Fischen.
Brut: Nest am Boden in dichtem Pflanzenbewuchs, aber auch in Höhlungen zwischen Steinen. 6 bis 12 bräunliche oder grünliche Eier. Gelege ab Ende April. Eine Jahresbrut.

Bestimmung / Ähnliche Art

Der Gänsesäger ist größer, beim Männchen fehlt das braune Brustband, die Flanken leuchten hell. Kopfhaube beim Mittelsäger deutlich zweigeteilt. Bei beiden Arten fallen im Flug große, weiße Flügelfelder auf.

Gänsesäger

Mergus merganser — E Goosander
Familie Entenvögel — F Harle bièvre

Merkmale: Mit 66 cm Länge deutlich größer als Mittelsäger. Männchen mit grünlich-schwarzem Kopf, scharf gegen den weißen Hals abgesetzt. Rücken schwarz-grün, an Flanken und Bauch weiß. Hinterende dunkelgrau. Weibchen grau im Gefieder, oberseits dunkler als unterseits, rotbrauner Kopf, Kehle weiß. Füße und Schnabel rot.
Stimme: Wie bei anderen Säger-Arten kaum Lautäußerungen.
Vorkommen: Außerhalb der Brutzeit auf Seen, Talsperren, großen Flüssen, Staustufen. Brutgebiete vor allem in Skandinavien. Bei uns bedrohter Bestand an Brutvögeln, aber recht häufiger Durchzügler und Wintergast.
Nahrung: Hauptsächlich kleine Fische, daneben Kleintiere.
Brut: Nest meist in Baumhöhlen. Es werden aber auch Nistkästen entsprechender Größe angenommen. Gelege aus 8 bis 12 rahmfarbenen Eier. Beginn der Eiablage Ende März. Eine Brut.

Bestimmung / Ähnliche Art

Männchen insgesamt viel heller wirkend als Mittelsäger. Kopf ohne steif nach hinten abstehende Federn. Weibchen beider Arten mit braunem Kopf, aber beim Gänsesäger scharf vom Hals abgesetzt, weiße Kehle. Beide Arten mit großen, weißen Flügelfeldern.

Birkhuhn

Lyrurus tetrix
Familie Hühnervögel

E Black Grouse
F Tétras lyre

Merkmale: Männchen 53 cm, Weibchen 41 cm lang. Hähne mit glänzend blauschwarzem Gefieder. Leierförmiger Schwanz mit weißen Unterschwanzfedern. Im Flug fällt die weiße Längsbinde im Flügel auf. Weibchen demgegenüber unscheinbar bräunlich, kräftig dunkel gebändert.

Stimme: Im zeitigen Frühjahr Gruppenbalz. Hähne lassen dann zischende „tschuich"-Rufe hören; beim „Kullern" trägt der Hahn den Hals nach vorne ausgestreckt. Weibchen gackern.

Vorkommen: Heidegebiete und Moore. Auch im Mittel- und Hochgebirge. Jahresvogel.

Nahrung: Knospen, Triebe und Blätter, Beeren. Daneben Kleintiere, vor allem Insekten.

Brut: Bodennest in niedriger Vegetation, gut versteckt. 7 bis 10 Eier, auf gelblich-bräunlichem Grund braun gefleckt. Erste Gelege Ende April. Eine Brut im Jahr.

Bedrohung / Hilfsmaßnahmen

Das Birkhuhn ist bei uns durch Zerstörung von Moorgebieten sehr selten geworden. Heute versucht man, geeignete Gebiete zu schützen und die verbleibenden Bestände durch Vögel aus Skandinavien aufzufrischen. Auch die Nachzucht in Gefangenschaft mit anschließender Auswilderung wird praktiziert.

Teilzieher 3

Wasserralle

Rallus aquaticus
Familie Rallen

E Water Rail
F Râle d'eau

Merkmale: 28 cm lang, etwas kleiner als Teichhuhn. Von allen anderen einheimischen Rallen sofort an dem langen, roten, leicht nach unten gebogenen Schnabel zu unterscheiden. Oberseite olivbraun, schwarz gefleckt und gestreift. An den Flanken schwarz und weiß gebändert. Unterseite blaugrau. Beine rotbraun.
Stimme: Grunzende und quiekende Laute, die wie „kruuih" klingen. Daneben wiederholte „gipp"-Rufe.

Vorkommen: Weiher, Teiche und Seen mit dichter Ufervegetation, verwachsene Gräben und Bäche, Sumpfgebiete. Teilzieher; nur wenige Überwinterer.
Nahrung: Würmer, Insekten, deren Larven, Schnecken und andere Kleintiere.
Brut: Nest aus Pflanzenmaterial in dichter Vegetation, meist gut versteckt im Röhricht. 6 bis 11 gelblich-weiße Eier, rotbraun punktiert. Gelege ab April. Meist eine Jahresbrut, häufig auch 2.

Beobachtung / Bestimmung

Die Rallen sind mit Ausnahme von Teich- und Bläßhuhn schwer zu beobachten. Auf die Wasserralle wird man meist nur durch die quiekenden Rufe aufmerksam. Zu Gesicht bekommt man den Vogel nur selten, und wenn, dann nur kurz.

Teichhuhn

Gallinula chloropus E Moorhen
Familie Rallen F Poule d'eau

Merkmale: 33 cm lang. Gefieder insgesamt schwärzlich; an der Seite gebrochenes, weißes Band; auffällige, weiße Unterschwanzdecken. Schwimmt unter Kopfnicken. Beim Schwimmen und Laufen zuckt der Schwanz vor allem erregter Vögel häufig auf und ab. Rote Stirnplatte, Schnabel rot mit gelber Spitze. Lange Beine mit langen Zehen, grünlich mit rotem Band. Beide Geschlechter gleich gefärbt. Beim Auffliegen hängen die Beine lang herunter.

Stimme: Rufe von Männchen und Weibchen kräftig „kürrk". Bei Erregung „kickeck" oder „ickick".

Vorkommen: An stehenden und langsam fließenden (auch kleinen) Gewässern mit genügend Ufervegetation. Zur Nahrungssuche auch auf Wiesen und Feldern. Teilzieher.

Nahrung: Wasser- und Uferpflanzen, Kleintiere.

Brut: Nest gut gedeckt in der Ufervegetation nahe am Wasser. 5 bis 11 gelblich-bräunliche Eier mit dunkelbraunen Flecken. 2 Bruten, manchmal 3, ab April.

Bestimmung / Ähnliche Art

Das Teichhuhn kann man nur mit dem Bläßhuhn verwechseln. Teichhuhn aber mit weißer, gebrochener Linie an den Flanken und roter Kopfplatte.

Bläßhuhn

Fulica atra E Coot
Familie Rallen F Foulque macroule

Merkmale: Mit 38 cm Länge etwas größer als Teichhuhn, aber gedrungener. Einheitlich schiefrig schwarz im Gefieder. Weiße Platte auf der Stirn, weißer Schnabel, graugrüne Beine, Zehen und Schwimmlappen olivgelb. Schwimmt unter Kopfnicken, taucht mit kleinem Sprung. Beim Auffliegen längeres Laufen auf der Wasseroberfläche. Nach Abheben Beine nach hinten ausgestreckt, überragen Schwanz.
Stimme: Lautes „köw, köw“, daneben durchdringende, wie „pix“ klingende Rufe. Auch stimmloses, kurzes „tsk“.
Vorkommen: Weiher und Seen, langsam fließende Flüsse, also wie Teichhuhn, aber mehr an größeren Gewässern. Jahresvogel.
Nahrung: Starke jahreszeitliche Unterschiede; Wasserpflanzen, Samen, Kleintiere.
Brut: Nest meist gut gedeckt in der Ufervegetation, aber auch frei. 5 bis 10 Eier, hellgrau bis gelblich-weiß mit vielen feinen rotbraunen und schwarzen Punkten. Meist eine Brut, Gelege ab März.

Bestimmung / Ähnliche Art

Das Bläßhuhn ist kaum zu verwechseln. Gegenüber dem Teichhuhn einheitlich schwarzgrau im Gefieder, weiße Kopfplatte. Die Reiherente hat eine weiße Unterseite.

Kiebitz

Vanellus vanellus
Familie Regenpfeifer

E Lapwing
F Vanneau huppé

Merkmale: Länge 30,5 cm. Oberseite dunkel grünlich-schwarz, metallisch glänzend, mehr oder weniger lange Federhaube am Hinterkopf. Unterseite weiß mit breitem, dunklem Brustband. Schwanz weiß, mit breiter dunkler Endbinde, Unterschwanzdecken rostgelb. Zur Balzzeit auffällige Flugspiele.
Stimme: Laute, aber etwas klagende „kiih-wit"-Rufe (daher der Name!). Bei der Balz „chiu-witt-witt-witt"-Strophen und deutlich hörbare Fluggeräusche.

Vorkommen: Sumpfgebiete, Moore, Wiesen und Felder. Sommervogel (Februar bis November), in milden Wintern durchgehend hier.
Nahrung: Überwiegend im Boden lebende Kleintiere, daneben auch Pflanzenteile.
Brut: Nest in einer ausgedrehten Bodenmulde, mit wenig Pflanzenmaterial ausgelegt. 4 birnenförmige Eier, auf sandolivfarbenem Grund unregelmäßig schwarz gefleckt und gebändert. Erste Gelege im März. Eine Brut im Jahr.

Lebensweise

Der Kiebitz hat sich gut an die veränderten Lebensbedingungen in der Kulturlandschaft angepaßt. Er nistet beispielsweise auch auf Feldern. Seine Bestände sind daher kaum gefährdet.

Goldregenpfeifer

Pluvialis apricaria
Familie Regenpfeifer

E Dotterel
F Pluvier doré

Merkmale: 28 cm lang, etwas über amselgroß. Oberseite dunkel, golden gefleckt. Gesicht, Vorderseite des Halses und Unterseite schwarz; gegen die goldenen Partien weißlich abgesetzt. Unter dem Schwanz ebenfalls weißlich.
Stimme: Typische klagende „tüüh" oder „tüüi" klingende Flötenrufe. Im abwechslungsreichen Gesang tauchen diese Rufe auf, daneben Triller und Schnurrer.
Vorkommen: Heidegebiete und Moore, Tundra. Außerhalb der Brutzeit auch auf Wiesen und im Wattenmeer. Bei uns nur noch sehr seltener Brutvogel, dann Sommervogel (März bis Juli). Im Herbst und Frühjahr Durchzügler aus dem Norden bei uns, im Winter nur vereinzelte Vögel.
Nahrung: Insekten und deren Larven, Würmer, Schnecken und andere Kleintiere.
Brut: Nest in der Vegetation am Boden. 4 hellbraune Eier mit kräftiger dunkler Fleckung. Gelege ab April. Eine Brut im Jahr.

Andere Rasse

Der Goldregenpfeifer kommt in zwei äußerlich unterscheidbaren Rassen vor. Die südlich verbreiteten Vögel haben einen schwarzen Bauchfleck, die nördlich verbreiteten Vögel dagegen haben einen kräftig schwarzen Vorderhals und Bauch.

Bekassine

Gallinago gallinago
Familie Schnepfenvögel

E Snipe
F Bécassine des marais

Merkmale: Knapp 27 cm lang. Im Verhältnis zur Größe sehr langer, gerader Schnabel. Oberseite braun und schwarz, mit gelblichen Längsstreifen. Unterseite hell graubraun. Am Kopf auffällige und charakteristische Längsstreifung. Schwanz mit nur wenig Weiß an den Ecken. Beide Geschlechter gleich gefärbt.
Stimme: Wie eine aufgezogene Uhr „tükke-tükke-tükke-tükke". Beim Auffliegen läßt der Vogel ein heiseres Rätschen hören.
Vorkommen: Feuchtwiesen und Sumpfgebiete, Moore. Auf dem Zug auch auf Wattflächen und im Flachwasserbereich stehender Gewässer. Sommervogel (Ankunft Mitte März).
Nahrung: Kleintiere (Würmer, Insektenlarven, Schnecken).
Brut: Nest in dichter Vegetation. 4 Eier, auf grauem, hellgrünem oder -braunem Grund dunkel gefleckt. Gelege ab April. Eine Brut.

Verhalten / Lautäußerung

Typisch für diesen Vogel ist der Balzflug, bei dem die Schnepfe über einen Flügel seitlich abkippt und in den Sturzflug übergeht. Jetzt werden die Schwanzfedern gespreizt, die ein meckerndes Geräusch erzeugen. Der Vogel wird deshalb auch „Himmelsziege" genannt.

Großer Brachvogel

Numenius arquata
Familie Schnepfenvögel

E Curlew
F Courlis cendré

Merkmale: Mit rund 55 cm Länge, den langen Beinen und vor allem dem langen, abwärts gebogenen Stocherschnabel ein sehr auffälliger Schnepfenvogel. Im Gefieder graubraun mit dichter Streifung und Fleckung. Geschlechter gleich gefärbt.
Stimme: Volltönende Flötenrufe „tlü", nicht zu überhören. Zur Balzzeit Reihung von Flötenrufen mit abschließendem Roller.
Vorkommen: Feuchtwiesen, Sumpfgebiete, Moore. Auf dem Zug auch auf Wattflächen. Sommervogel (März bis September); Überwinterer (an der Küste).
Nahrung: Kleintiere, wie Würmer, Insektenlarven, Schnecken.
Brut: Das Nest ist eine einfache Mulde im Boden, mit wenig Pflanzenmaterial ausgelegt. 4 bräunliche oder grünliche Eier mit dunklen Flecken. Beginn der Eiablage im April. Eine Brut im Jahr.

Ähnliche Art

Außerhalb der Brutzeit sollte man sich die Brachvögel genauer ansehen. Dann halten sich auch Regenbrachvögel (*Numenius phaeopus*) aus dem Norden bei uns auf. Man erkennt sie an dem längsgestreiften Kopf. Außerdem sind sie mit knapp 41 cm deutlich kleiner als Große Brachvögel.

Uferschnepfe

Limosa limosa
Familie Schnepfenvögel

E Black-tailed Godwit
F Barge à queue noire

Merkmale: 44 cm lang. Zur Brutzeit Oberseite rotbraun und dunkel gefleckt, Unterseite und Kopf rostbraun, Bauch weißlich mit seitlichen schwarzen Querbinden. Bürzel weiß, Schwanz mit schwarzer Endbinde. Schnabel lang und gerade. Im Flug fallen die weißen Längsstreifen auf. Geschlechter fast gleich.
Stimme: Rufe wiederholt „grütte grütte grütte". Beim Balzflug werden diese Rufe oft wiederholt.

Vorkommen: Feuchtwiesen, Sumpfgebiete, Moore. Außerhalb der Brutzeit auch an der Küste. Sommervogel, bei uns von März bis Oktober.
Nahrung: Im und am Boden lebende Kleintiere.
Brut: Nest am Boden. Mulde in die Vegetation gedreht. 4 Eier, auf olivbraunem Grund kräftiger oliv und bräunlich, aber verschwommen gefleckt. Erste Gelege im April. Eine Brut im Jahr.

Ähnliche Art

Außerhalb der Brutzeit halten sich auch Pfuhlschnepfen (*Limosa lapponica*) aus dem Norden bei uns auf. Sie haben – anders als die Uferschnepfe – einfarbige Flügel und einen gebänderten Schwanz. Ihr Schnabel ist außerdem leicht aufgeworfen. Beide Arten sind also gut voneinander zu unterscheiden.

Grünschenkel

Tringa nebularia — E Greenshank
Familie Schnepfenvögel — F Chevalier aboyeur

Merkmale: 30 cm lang. Zur Brutzeit auf der Oberseite olivbraun, weißes Feld in den weißen Bürzel einmündend. Schwanz weiß, an den Ecken hell und dunkel gebändert. Unterseite heller, dunkel gefleckt und gestreift. Lange, grünliche Beine (Name!), sowohl im Brut- wie im Ruhekleid. Schnabel schwärzlich, leicht aufgeworfen. Geschlechter gleich gefärbt.
Stimme: Schallende Rufe, die wie „kjück kjück" klingen, meist 4- bis 5mal wiederholt. Bei Erregung kreischend „kri kri kri". Im Brutgebiet flötender Gesang.
Vorkommen: Brut in Sumpfgebieten und Mooren, in der Tundra und im lockeren Wald. Bei uns nur als Durchzügler (hauptsächlich März bis Mai und Juli bis Oktober) und Wintergast (an der Küste).
Nahrung: Kleintiere.
Brut: Bodennest aus Pflanzenmaterial. Meist 4 Eier, hellbraun mit dunkelbrauner Fleckung. Gelege ab Mai. Eine Brut im Jahr.

Bestimmung

Recht hell wirkender Wasserläufer. Bei fliegenden Grünschenkeln fällt das ausgedehnte weiße Feld von der Mitte des Rückens bis zum Schwanz auf. Keine Zeichnung im Flügel. Flügeloberseite dunkler als Rücken.

Sommervogel 2

Rotschenkel

Tringa totanus — E Redshank
Familie Schnepfenvögel — F Chevalier gambette

Merkmale: 28 cm lang. Oberseite graubraun, kräftig gezeichnet. Unterseite grau mit schwarzen, längs verlaufenden Fleckenstreifen. Schnabel rot mit schwarzer Spitze. Beine kräftig rot. Auffällig sind weiter die weißen Felder am Flügel-Hinterrand und der weiße Rücken und Bürzel. Schwanzende dunkel quergebändert. Ruhekleid etwas heller als Brutkleid. Geschlechter gleich.
Stimme: Dreisilbige, voll klingende „tjü-dü-dü"-Rufe. Zur Paarungszeit hört man Folgen aus diesen Rufen und eingeschobenen Trillern. Bei Erregung rufen Rotschenkel scharf „kiff-kiff".
Vorkommen: Feuchtwiesen, Sumpfgebiete, Moore, Wattwiesen. Sommervogel, bei uns von März bis September. Durchzug von Vögeln aus nördlichen Brutgebieten.
Nahrung: Kleintiere.
Brut: Nest in dichter Vegetation, meist mit einer Haube aus zusammengezogenem Pflanzenmaterial. 4 Eier, auf gelbbraunem Grund kräftig unregelmäßig dunkel gefleckt. Gelege ab April. Eine Brut im Jahr.

Bedrohung

Die Brutbestände sind bei uns durch die Trockenlegung feuchter Wiesen bedroht. Vielerorts sind die Vögel verschwunden.

Dunkler Wasserläufer

Tringa erythropus
Familie Schnepfenvögel

E Spotted Redshank
F Chevalier arlequin

Merkmale: Mit 30 cm etwas größer als Rotschenkel. Zur Brutzeit Gefieder schwarz, auf dem Kopf und dem Rücken leicht helle Flekken. Im hinteren Teil des Rückens weißes Dreieck, in weißen Bürzel übergehend. Schwanz hell und dunkel quergebändert. Schnabel rot mit dunkler Spitze. Beine rot. Im Ruhekleid insgesamt unscheinbar graubraun, auf der Oberseite dunkler als auf der Unterseite. Beide Geschlechter gleich gefärbt.
Stimme: Rufe wie „kiewitt" (ähnlich Kiebitz) klingend. Daneben deutlich zweisilbige „tjüit"-Rufe, zweite Silbe in der Höhe nach oben gehoben, auch gereiht.
Vorkommen: Feuchtwiesen, Sumpfgebiete, Moore, Waldtundra. Bei uns nur Durchzügler (März bis Mai und August bis Oktober) und Wintergast (Küste).
Nahrung: Kleintiere im Wasser und am Boden der Gewässer.
Brut: Nest in dichter Vegetation, 4 Eier, auf gelbbraunem Grund kräftig unregelmäßig dunkel gefleckt. Gelege ab Mai. Eine Brut.

Bestimmung

Im Flug fällt vor allem das helle Dreieck vor dem quergebänderten Schwanz auf. Flügel ohne auffallende Zeichnung, aber bisweilen hell gefleckt erscheinend.

Kampfläufer
Philomachus pugnax
Familie Schnepfenvögel

E Ruff (Männ.), Reeve (Weib.)
F Chevalier combattant

Merkmale: Männchen sind mit fast 30 cm deutlich größer als die Weibchen mit 23 cm. Männchen tragen zur Paarungszeit eine große, aufrichtbare Federhaube. Die Farbe kann bei schwarz, rostbraun oder weiß liegen. Weibchen unscheinbar; mit brauner, geschuppter Ober- und heller Unterseite. Im Flug fallen schmale weiße Flügelstreifen und ovale helle Flecken an den Seiten des Schwanzes auf.
Stimme: Nur selten zu hören. Am Balzplatz kehliges Kollern.

Vorkommen: Feuchtwiesen, Sumpfgebiete, Moore, Tundra. Die Brutbestände sind bei uns durch die Zerstörung von Feuchtbiotopen bedroht. Vielerorts sind die Vögel schon verschwunden. Sommervogel, bei uns Ankunft Mitte März.
Nahrung: Kleintiere am und im Boden und im flachen Wasser.
Brut: Nest am Boden, gut versteckt in der Vegetation. 4 grünliche oder graue Eier mit dunkler Fleckung. Erste Gelege im Mai. Eine Jahresbrut.

Verhalten

Der Kampfläufer ist einer der Vögel, die eine Gruppenbalz machen. An immer wieder aufgesuchten Plätzen finden sich mehrere Männchen ein, um gemeinsam zu balzen.

Sommervogel V

Stelzenläufer

Himantopus himantopus
Familie Stelzenläufer

E Black-winged Stilt
F Echasse blanche

Merkmale: 38 cm lang. Eine unverkennbare, grazile Vogelgestalt. Männchen mit schwarzer Oberseite, Kopf oben meist dunkel, weiße Unterseite. Flügel auf Ober- und Unterseite dunkel. Weibchen ähnlich Männchen, aber dunkle Gefiederpartien eher schwarzbraun. Sehr lange, rote Beine. Langer, spitzer Stocherschnabel, dunkel.
Stimme: Durchdringend „kwät, kwät, kwät" oder „it, it, it".
Vorkommen: Feuchtgebiete, Brackwassersümpfe, Lagunen, auch Reisfelder und Salinen. Bei uns nur unregelmäßiger Brutvogel, dann Sommervogel (März/April bis Juli).
Nahrung: Im Wasser lebende Kleintiere.
Brut: Nest in erhöhter Vegetation (Grasbüschel, Seggenbülte) inmitten einer Wasserfläche, auf kleinen Inseln oder auch am Ufer. Brütet oft mit Artgenossen zusammen in lockeren kleinen Kolonien. 4 Eier, auf hell olivbraunem Grund dunkel gefleckt. Gelege ab Mitte April. Eine Brut.

Bestimmung

In der europäischen Vogelwelt gibt es nur einen einzigen Vogel mit so extrem langen Beinen. Im Flug überragen die Beine den Schwanz um bis zu 18 cm!

Watvögel

Kiebitz
Goldregenpfeifer
Winter
Pfuhlschnepfe
Winter
Uferschnepfe
Winter
Rotschenkel
Kampfläufer
Weibchen

Grünschenkel
Waldwasserläufer
Lachmöwe
Winter
Jugend-
kleid
Trauerseeschwalbe
Winter
Sturmmöwe, Winter

Lachmöwe

Larus ridibundus
Familie Möwen

E Black-headed Gull
F Mouette rieuse

Merkmale: Mit 38 cm Länge etwa taubengroß. Beide Geschlechter gleich gefärbt. Gefieder weiß mit grauen Flügeldecken; Flügelenden schwarz umrandet. Im Brutkleid haben die Lachmöwen einen schokoladenbraunen Kopf mit einem hellen Ring um das Auge. Rote Beine, rötlicher Schnabel mit schwarzer Spitze.
Stimme: Meist sehr laut. Rufe klingen wie „kwerr", auch kurz „kek" und hoch „pieh". Zur Brutzeit Reihen wie „rä-grä-grä-krääh-krääh".
Vorkommen: An Weihern, Seen und Flüssen; auch immer mehr an der Meeresküste. Bei der Nahrungssuche oft weitab vom Wasser. Jahresvogel.
Nahrung: Pflanzenteile und kleine Wassertiere, auch Abfälle.
Brut: Brüten in mehr oder weniger großen Kolonien (meist 10 bis 100 Paare) in Feuchtwiesen und Sumpfgebieten, in den Uferzonen stehender Gewässer und auf Inseln. Nest aus Stengeln und Blättern. Meist 3 Eier, braun bis olivgrün mit Flecken unterschiedlicher Größe und Farbe. Gelege ab April. Eine Brut.

Bestimmung

Die schokoladenbraune Kopffärbung verliert sich im Herbst. Im Winter haben die Vögel nur einen dunklen Fleck hinter dem Auge.

Sturmmöwe

Larus canus
Familie Möwen

E Common Gull
F Goéland cendré

Merkmale: 40 cm lang. Rücken und Flügeloberseite hell bläulichgrau, sonst durchgehend weiß im Gefieder. Schwarze Flügelspitzen weiß gefleckt. Schnabel und Beine grünlich. Iris rotbraun. Geschlechter gleich gefärbt.
Stimme: Durchdringende, recht hohe Rufe, wie „kiä“ klingend. Daneben spezielle Rufe bei besonderem Verhalten.
Vorkommen: Sowohl im Binnenland wie an der Küste. Brütet in Mooren, auf Inseln in Binnenseen, aber auch am Boden entfernt vom Wasser. Jahresvogel.
Nahrung: Abwechslungsreich: Würmer, Insekten, Fische, Pflanzenteile, Abfälle.
Brut: Nest in einer Mulde am Boden. Meist nur wenig Nistmaterial zusammengetragen. Brütet einzeln oder in kleinen Kolonien. Meist 3 Eier, die auf olivbraunem Grund unregelmäßig hell und dunkel gefleckt sind. Färbung der Eier variabel. Gelege ab Mai. Eine Brut im Jahr.

Ähnliche Art

Ähnlich, aber mit 56 cm Länge deutlich größer, ist die Silbermöwe (*Larus argentatus*), die bisweilen ebenfalls im Binnenland vorkommt. Gegenüber der Sturmmöwe fallen die fleischfarbenen Beine, der rote Fleck vorne am Unterschnabel und die gelbe Iris auf.

Flußseeschwalbe

Sterna hirundo — E Common Tern
Familie Seeschwalben — F Sterne Pierre-Garin

Merkmale: 36 cm lang. Schwarze Kopfplatte, Rücken und Flügeloberseite hellgrau, sonst völlig weiß im Gefieder. Schnabel zur Brutzeit orangerot mit schwarzer Spitze, im Winter fast schwarz, mit roter Schnabelwurzel. Beine rot. Geschlechter gleich.
Stimme: Sehr ruffreudig und laut. Kreischende, abfallende „kriääh"- und „kirrri"-Rufe, daneben bei Beunruhigung „kekekek".
Vorkommen: Sowohl an den Küsten (Flachküsten, Wattenmeer) wie im Binnenland (an Flüssen und Seen). Sommervogel (März/April bis Juli).
Nahrung: Kleine Fische und andere Wassertiere (Insekten, Krebse), die im Rüttelflug erspäht und im Sturzflug erbeutet werden.
Brut: Brütet im Binnenland an kiesigen Ufern von Gewässern und auf Inseln. Die Eier werden in einer ausgedrehten Bodenmulde abgelegt. Nimmt auch künstliche Nistplattformen an. Koloniebrüter. 3 Eier, grünlich oder bräunlich mit dunkler Fleckung. Erste Gelege April. Eine Brut im Jahr.

Ähnliche Art

An der Küste kommt neben der Flußseeschwalbe auch die sehr ähnliche Küstenseeschwalbe (*Sterna paradisaea*) vor, die aber einen durchgehend karminroten Schnabel und andere Rufe hat.

Weißbartseeschwalbe

Chlidonias hybrida
Familie Seeschwalben

E Whiskered Tern
F Guifette moustac

Merkmale: Fast 25 cm lang. Schwarze Kopfplatte, seitlich am Kopf weiß, Rücken und Flügeloberseite hellgrau, Unterseite dunkelgrau. Gefieder wirkt insgesamt dunkler als bei Flußseeschwalbe, aber deutlich heller als bei Trauerseeschwalbe. Schnabel einheitlich dunkelrot, Beine rot.
Stimme: Vor allem rauhe „krä"- oder „kräk"-Rufe, klingen, wie wenn man einen Kamm sehr schnell über eine Tischkante zieht. Daneben auch zweisilbig „skriäh" und weitere Rufe.

Vorkommen: Brut auf stehenden Gewässern (sowohl Süßwasser wie Salzwasser) im Binnenland (Süd- und Südosteuropa). Nahrungssuche auch auf gefluteten Reisfeldern, an Gräben. Sommervogel (April bis August).
Nahrung: Kleintiere, die in flachem Wasser leben.
Brut: Nest auf Schwimmpflanzen oder in überfluteter Sumpfvegetation. Koloniebrüter. 3 Eier, hell graugrüner Grund, grob braun gezeichnet. Beginn der Eiablage Mai/Juni. Eine Brut im Jahr.

Bestimmung

Je nach Beleuchtung kann die Weißbartseeschwalbe recht hell (wie eine Fluß- oder Küstenseeschwalbe) wirken, dann wieder sehr düster.

Trauerseeschwalbe

Chlidonias niger — E Black Tern
Familie Seeschwalben — F Guifette noire

Merkmale: 24 cm lang, also deutlich kleiner als Flußseeschwalbe. Im Brutkleid dunkelgrau. Unterschwanzdecken weiß. Unterseite der Flügel hellgrau. Schnabel schwarz, Beine rötlich-braun. Im Ruhekleid insgesamt heller, weiße Unterseite, dunkle Kopffärbung. Geschlechter gleich.
Stimme: Rauhe, wie „krräik" klingende Rufe, auch kurz „kück". Nicht sehr ruffreudig.
Vorkommen: Gewässer im Binnenland, vor allem größere Seen mit reichem Vegetationsgürtel. Sommervogel (April bis Oktober).
Nahrung: Kleintiere, die in flachem Wasser leben: Insekten und deren Larven, kleine Krebse, Kaulquappen, kleine Fische.
Brut: Der Vogel baut aus Pflanzenmaterial eine kleine schwimmende Plattform, auf die 3 Eier abgelegt werden. Eier in der Grundfarbe graugrün, mit groben schwarzbraunen Flecken. Beginn der Eiablage im Mai. Eine Brut.

Ähnliche Art

Leicht zu verwechseln mit der Trauerseeschwalbe ist die Weißflügelseeschwalbe (*Chlidonias leucopterus*). Man unterscheidet sie am besten an den hellen Oberflügeln, den schwarz-weißen Unterflügeln und dem weißen Schwanz.

Sumpfohreule

Asio flammeus
Familie Eulen

E Short-eared Owl
F Hibou des marais

Merkmale: Eulen sind dämmerungs- und nachtaktive Beutegreifer. Die Sumpfohreule wird 38 cm lang und ist hell gelbbraun gefärbt, wobei die Oberseite hell und dunkel marmoriert, die Unterseite kräftig dunkel gestreift ist. Beide Geschlechter gleich gefärbt. Die Eule ist nicht nur in der Dämmerung und nachts aktiv, sondern auch am Tage. Sitzt meist am Boden, aber auch auf Weidepfählen.
Stimme: Rufe hoch und kläffend. Zur Balzzeit tiefe „bu-bu-bu"-Rufreihen, die meist im Flug vorgetragen werden. Während des Balzfluges Flügelklatschen.
Vorkommen: Offenes Gelände wie Moore, Heidegebiete, Dünen. Außerhalb der Brutzeit auch auf Feldern. Sommervogel, bei uns von März bis Oktober.
Nahrung: Vor allem Kleinsäuger.
Brut: Nest stets am Boden in der Vegetation. Mulde mit nur wenig Nistmaterial ausgelegt. 7 bis 10 weiße Eier. Beginn der Eiablage Anfang April. Meist eine Brut.

Ähnliche Art

Im Flug ist die Waldohreule (*Asio otus*) der Sumpfohreule sehr ähnlich. Im Sitzen fallen bei dieser Eule aber die deutlich längeren Federohren auf.

Prachttaucher

Gavia arctica
Familie Seetaucher

E Black-throated Diver
F Plongeon actique

Merkmale: 58 bis 69 cm lang. Alle Seetaucher liegen sehr tief im Wasser. Fliegen mit buckeligem Rücken. Prachttaucher zur Brutzeit mit schwärzlicher Oberseite und heller Fleckung. Unterseite hellgrau bis weißlich. Hals im unteren Bereich an den Seiten fein schwarz und weiß gestreift. Kehle und Vorderhals schwarz. Kopf und Nacken bleigrau. Schnabel kräftig, gerade. Im Ruhekleid insgesamt grauer und unscheinbarer. Geschlechter gleich gefärbt.
Stimme: Weithin hörbare, melodische, wie „waua" klingende Rufe. Im Flug „gagag"-Rufe.
Vorkommen: Seen in der Tundra, in Moorgebieten und in offenen Waldgebieten. Bei uns nur als Durchzügler und Wintergast.
Nahrung: Überwiegend Fische, daneben aber auch Kleintiere, die im Wasser leben.
Brut: Nest am Ufer oder auf Inseln, direkt am Wasser. Mulde mit (wenig) Pflanzenmaterial ausgelegt. 2 olivbraune, unregelmäßig schwarzbraun gefleckte Eier. Erste Gelege Ende April. Eine Brut.

Ähnliche Art

Im hohen Norden kommt auch der ähnliche Eistaucher (*Gavia immer*) vor. Er ist aber größer, hat einen grün-schwarzen Kopf und einen wesentlich kräftigeren Schnabel als der Prachttaucher.

Durchzügler | Wintergast

Sterntaucher

Gavia stellata
Familie Seetaucher

E Red-throated Diver
E Plongeon catmarin

Merkmale: Mit 53 bis 61 cm Länge kleiner als Prachttaucher. Zur Brutzeit Oberseite schwärzlichbraun, mit undeutlicher heller Fleckung. Unterseite hellgrau bis weißlich. Hals im unteren Bereich an den Seiten und im oberen Bereich auf der Rückseite fein schwarz und weiß gestreift. Vorderhals rotbraun. Wangen, Kehle und Halsseiten bleigrau. Schnabel feiner als bei Prachttaucher, vorne aufgeworfen. Im Ruhekleid insgesamt grauer und unscheinbarer. Geschlechter gleich.

Stimme: Rollende „ok-ok-ärr"-Rufe oder katzenartig miauend. Im Flug auch gänseartig rufend.
Vorkommen: Weiher und Seen in der Tundra. Bei uns nur als Durchzügler und Wintergast.
Nahrung: Überwiegend Fische, daneben Frösche und Kleintiere.
Brut: Nest am Ufer oder auf Inseln, direkt am Wasser. Mulde mit nur wenig Pflanzenmaterial ausgelegt. 2 olivbraune, unregelmäßig schwarzbraun gefleckte Eier. Beginn der Eiablage Anfang Mai. Eine Brut im Jahr.

Lebensweise

Sterntaucher kommen von allen Seetauchern auf den kleinsten Gewässern vor. Die Nester liegen grundsätzlich unmittelbar am Wasser, da die Vögel an Land sehr unbeholfen sind.

See- und Lappentaucher im Winter

Schreitvögel / Kranich

Kormoran

Phalacrocorax carbo
Familie Kormorane

E Cormorant
F Grand cormoran

Merkmale: Etwas über 90 cm lang. Gefieder schwärzlich. Im Brutkleid mit weißer Kehle, weißen Kopfseiten und bei der auf dem europäischen Festland brütenden Rasse weißem Oberkopf. Weißer Schenkelfleck. Männchen und Weibchen gleich gefärbt. Fliegt mit ausgestrecktem Hals, schneller Flügelschlag.
Stimme: Rauh und tief „krah".
Vorkommen: Stehende und fließende Binnengewässer, Meeresküsten. Sommervogel (März bis Oktober), auch Durchzügler und Wintergast.
Nahrung: Fische, die unter Wasser erbeutet werden. Da die Vögel beim Tauchen bis auf die Haut naß werden, stehen sie nach dem Fischfang mit ausgebreiteten Flügeln in der Sonne, um das Gefieder zu trocknen.
Brut: Brütet kolonieweise in Baumhorsten, an der Küste auch auf blankem Fels. 3 bis 4 hellblaue Eier mit kalkweißem Überzug. Erste Gelege im April. Eine Brut.

Bestimmung / Ähnliche Art

Die Vögel haben nur im Brutkleid eine weiße Kopf- und Kehlzeichnung. Außerhalb der Brutzeit kann man sie leicht mit den allerdings kleineren (76 cm langen) Krähenscharben (*Phalacrocorax aristotelis*) verwechseln, die aber fast nur am Meer auftreten.

Graureiher

Ardea cinerea — E Heron
Familie Reiher — F Héron cendré

Merkmale: 91 cm lang. Geschlechter gleich gefärbt: Oberseite grau, Unterseite und Hals weißlich-grau. Am Hals kräftige längs verlaufende schwarze Fleckenstreifen. Vom Auge zum Hinterkopf verläuft eine breite schwarze Linie, die sich in die ebenfalls schwarzen Schmuckfedern fortsetzt. Kräftiger gelber Schnabel. Im Flug ziehen alle Reiher den Hals s-förmig ein (im Unterschied zu den Störchen, die mit ausgestrecktem Hals fliegen!).
Stimme: Krächzende rauhe Rufe, wie „kräik" oder auch „grak" klingend.
Vorkommen: Feuchtwiesen, Sumpfgebiete, stehende und fließende Binnengewässer. Brut in Waldgebieten. Jahresvogel; im Winter teilweise Ausweichzug.
Nahrung: Vor allem Fische, Lurche und Kriechtiere, aber auch Kleinsäuger und Insekten.
Brut: Horst aus Ästen und Zweigen, meist hoch in Bäumen. Koloniebrüter. 4 bis 5 Eier, hell blaugrün gefärbt. Beginn der Eiablage schon im März. Eine Brut im Jahr.

Bedrohung / Beobachtung

Die Bestände des Graureihers sind bei uns stark zurückgegangen. Die Brutkolonien sollten deshalb heute ungestört bleiben. Man beschränke sich auf Beobachtungen aus sicherer Distanz.

Sommervogel 4

Purpurreiher
Ardea purpurea
Familie Reiher

E Purple Heron
F Héron pourpré

Merkmale: Mit 79 cm Länge etwas kleiner als Graureiher. Von diesem durch die insgesamt dunklere Färbung unterschieden. Rücken dunkelgrau mit purpurgelben Federn, Seiten des Halses und Kopfes purpurrot, schwarze Kopfplatte und schwarzer Streifen vom Auge zum Hinterkopf, die sich in die schwarzen Schmuckfedern im Nacken fortsetzen. Geschlechter gleich.
Stimme: Rauhe und krächzende Rufe.
Vorkommen: Größere Sumpfgebiete. Verlandungszone großer stehender Gewässer im Binnenland. Bei der Jagd auch an Gräben und Bächen. Sommervogel (April bis September).
Nahrung: Vor allem Fische, Lurche und Kriechtiere, aber auch Kleinsäuger und Insekten.
Brut: Brütet in Kolonien zusammen mit Artgenossen, oft auch zusammen mit anderen Reiherarten. Horst aus Schilfhalmen im Röhricht oberhalb der Wasserlinie. 4 bis 5 hell blaugrüne Eier. Gelege ab April. Eine Brut.

Bestimmung / Lebensweise

Den Purpurreiher beobachtet man praktisch nie auf Bäumen. Dies ist ein wichtiger Unterschied in der Lebensweise von Grau- und Purpurreiher.

Nachtreiher

Nycticorax nycticorax
Familie Reiher

E Night Heron
F Héron bihoreau

Merkmale: 61 cm lang. Von der Kopfplatte bis zum Rücken schwarz, Flügel grau, Unterseite weiß gefärbt. Lange weiße Schmuckfedern am Kopf. Kräftiger dunkelgrauer Schnabel mit hellgrauer Wurzel. Augen mit braunroter Iris. Beine gelblich. Geschlechter gleich gefärbt. Jungvögel braun mit weißlicher Fleckung/Streifung.
Stimme: Heisere, krächzende „quak“-Rufe, meist nur in der Dämmerung zu hören.
Vorkommen: Sumpfgebiete mit dichten Busch- und Baumbeständen. Bei der Nahrungssuche auch in offenerem Sumpfgelände. Sommervogel; im Brutgebiet von April bis Oktober.
Nahrung: Frösche und Kaulquappen, Fische, Wasserinsekten und deren Larven.
Brut: Horst aus Ästen und Zweigen, in Büschen und auf Bäumen. Brütet meist mit Artgenossen zusammen, oft auch in gemischten Reiher-Kolonien. 3 bis 5 blaugrüne Eier. Erste Gelege Ende April. Eine Brut im Jahr.

Lebensweise / Name

Ein gedrungener, kleiner Reiher, der – mit Ausnahme der Brutzeit – tagsüber versteckt im Geäst ruht, um erst in der Dämmerung aktiv zu werden. Daher der Name „Nacht“reiher!

Teilzieher W

Silberreiher

Casmerodius albus
Familie Reiher

E Great White Egret
F Grande aigrette

Merkmale: Mit 89 cm Länge fast genauso groß wie Graureiher, aber insgesamt schlanker. Auf Grund des einheitlich weißen Gefieders kaum zu verwechseln, es sei denn mit dem – kleineren! – Seidenreiher. Gelbe Iris. Schnabel ganz gelb oder gelb und an der Spitze schwarz. Beine grünlich-schwarz, zur Brutzeit an der Basis rötlich. Geschlechter gleich.
Stimme: Heisere, krächzende Rufe, am ehesten am Brutplatz zu hören. Wenig ruffreudig.

Vorkommen: Stehende und fließende Binnengewässer, Sumpfgebiete. Teilzieher; Rückkehr an die Brutplätze im März/April.
Nahrung: Fische, Lurche, Kriechtiere, Kleinsäuger und Insekten.
Brut: Nester aus Schilfhalmen im Röhricht, nur ausnahmsweise in Büschen oder auf höheren Bäumen. Brütet in Kolonien mit Artgenossen, teilweise auch mit anderen Reiherarten zusammen. Gelege ab April, 3 bis 5 hellblaue Eier. Eine Brut im Jahr.

Bedrohung

Der Silberreiher wurde Anfang dieses Jahrhunderts fast ausgerottet, weil seine Schmuckfedern auf den Schultern als Modeartikel („Reiherfedern“) sehr begehrt waren. Später spielte dann vor allem die Zerstörung des Lebensraumes eine negative Rolle.

Seidenreiher

Egretta garzetta E Little Egret
Familie Reiher F Aigrette garzette

Merkmale: Mit nur 56 cm Länge deutlich kleiner als Silberreiher. Ebenfalls reinweiß, aber mit schlankem, schwarzem Schnabel und schwarzen Beinen mit gelben Zehen. Lang herabhängende Schmuckfedern am Hinterkopf und auf dem Rücken. Außerhalb der Brutzeit mit gelbem Schnabel und schwarzen Füßen. Geschlechter gleich gefärbt.
Stimme: Rauhe und krächzende „krak“-Rufe, auch gereiht „krek-krek-krek“.
Vorkommen: Sumpfgebiete, Binnengewässer mit Pflanzenwuchs am Ufer, Brackwasserlagunen. Sommervogel, April bis Oktober/November.
Nahrung: Kleine Fische, Lurche und Kriechtiere, Muscheln und Schnecken, kleine Krebse und Wasserinsekten.
Brut: Nester aus Ästen und Zweigen, auf Bäumen oder Büschen. Brütet meist in Kolonien mit Artgenossen und anderen Reiher-Arten zusammen. 3 bis 5 grünlich-bläuliche Eier. Gelege ab Ende April. Eine Brut im Jahr.

Bedrohung

Auch dem Seidenreiher wurde Anfang dieses Jahrhunderts erbarmungslos nachgestellt, um seine Schmuckfedern als Modeartikel auf den Markt bringen zu können.

Teilzieher 1

Große Rohrdommel

Botaurus stellaris E Bittern
Familie Reiher F Butor étoilé

Merkmale: Mit 76 cm Länge deutlich größer als Zwergrohrdommel und mit dieser wegen der völlig andersartigen Färbung nicht zu verwechseln. Ganzes Gefieder braun und schwarz marmoriert, schwarze Kopfplatte, vom Auge abwärts und auf der Brust breite dunkle Längsstreifen. Männchen und Weibchen gleich gefärbt. Beunruhigte Rohrdommeln in Pfahlstellung.
Stimme: Dumpfe Rufe.
Vorkommen: In der Verlandungszone (Schilfröhricht) größerer Seen. Teilzieher; Zugvögel kommen schon Mitte Februar wieder in ihre Brutgebiete zurück.
Nahrung: Fische, Lurche, Kriechtiere, daneben Krebse, Wasserinsekten und Würmer, Kleinsäuger.
Brut: Horst aus Schilfhalmen und anderem Pflanzenmaterial mitten im dichten Röhricht, dicht über dem Wasser. 5 bis 6 olivbraune Eier. Gelege ab Mitte April. Eine Brut im Jahr.

Stimme

Die Stimme der Großen Rohrdommel ist nicht zu überhören. Hört man aus dem Schilfröhricht dumpfe „ü-prumb“-Rufe, ist die Artdiagnose eindeutig. Der Vogel wird wegen seiner Stimme im Volksmund auch „Moorochse“ genannt.

Weißstorch

Ciconia ciconia
Familie Störche

E White Stork
F Cigogne blanche

Merkmale: Knapp über 1 m lang und wohl jedem Vogelfreund bekannt. Gefieder weiß, Flügel zur Hälfte schwarz. Kräftiger, roter Schnabel, lange, rote Stelzbeine. Männchen und Weibchen gleich.
Stimme: Zu gelegentlichen Zischlauten kommt das typische Klappern mit dem Schnabel hinzu – ein Instrumentallaut.
Vorkommen: Brütet fast immer in menschlichen Siedlungen, selten auch in Waldgebieten auf Bäumen. Nahrungssuche in Sumpfwiesen und an Gewässern. Sommervogel (März bis September).
Nahrung: Sehr vielseitig. Von Lurchen, Kriechtieren und Fischen über Kleinsäuger bis hin zu Insekten.
Brut: Horst aus Ästen und Zweigen auf Hausdächern und seltener – in hohen Bäumen. Mulde mit weicherem Material ausgelegt. 3 bis 5 weiße Eier. Gelege ab März. Eine Brut im Jahr.

Ähnliche Art

Noch seltener als der im Bestand außerordentlich zurückgegangene Weißstorch ist der Schwarzstorch (*Ciconia nigra*). Er ist ein heimlicher Bewohner ausgedehnter Wälder. Nahrungssuche in Sumpfwiesen und an Gewässern, Horst aus Ästen und Zweigen auf hohen Bäumen.

Sommervogel V

Löffler

Platalea leucorodia
Familie Ibisse

E Spoonbill
F Spatule blanche

Merkmale: 86 cm lang. Überwiegend weiß im Gefieder. Altvögel mit gelblichem Brustband und im Brutkleid mit gelber Federhaube auf dem Kopf. Auf Grund der Größe durchaus mit Silber- und Seidenreiher zu verwechseln. Auffällig ist aber der breite, abgeplattete und zur Spitze hin löffelartig verbreiterte, schwarze Schnabel (daher der Name!). Geschlechter gleich. Meist gesellig.
Stimme: Am Horst grunzende Laute, auch Schnabelklappern. Sonst nur wenig zu hören.

Vorkommen: Sumpfgebiete mit viel offener Wasserfläche. Außerhalb der Brutzeit auch in Küstengewässern. Sommervogel; in den Brutgebieten (Niederlande, Südosteuropa) von April bis Oktober.
Nahrung: Vor allem Kleintiere (Wasserinsekten, Krebse, Muscheln, Schnecken).
Brut: Horste aus Schilfhalmen im Röhricht großer stehender Gewässer, gelegentlich Horste auch in Büschen. 3 bis 5 weiße, rötlichbraun gefleckte Eier. Gelege ab Ende April. Eine Brut im Jahr.

Bestimmung

Im Gegensatz zu den Reihern fliegt der Löffler, der zur Familie der Ibisse gehört, mit ausgestrecktem Hals. Zusammen mit dem Schnabel sind dies die besten Bestimmungsmerkmale.

Sommervogel | Durchzügler | Wintergast

Graugans
Anser anser — E Greylag Goose
Familie Entenvögel — F Oie cendrée

Merkmale: Variabel in der Größe, zwischen 76 und 89 cm lang. Männchen und Weibchen gleich gefärbt: durchgehend grau im Gefieder, in vielen Partien helle Federsäume, weiße Linie an der Seite. Im Flug werden die hellen Vorderflügel sichtbar. Weißer Bürzel, weißer Unterschwanz. Je nach Rasse mit fleischfarbenem oder orangegelbem Schnabel, Beine fleischfarben.
Stimme: Wie Hausgans. Nasales „gagagag"-Schnattern, auch kurz „ik" oder „äk".

Vorkommen: Vor allem an größeren Weihern und an Seen. Zur Nahrungssuche auf Wiesen. Sommervogel (Januar bis September). Auch Durchzügler und Wintergast.
Nahrung: Pflanzensamen, grüne Triebe, Beeren, Wurzeln.
Brut: Nest aus Schilfhalmen und anderem Pflanzenmaterial, im Röhricht. Die Mulde wird mit Daunen ausgepolstert. 4 bis 9 weißlich gefärbte Eier. Gelege ab Ende März. Eine Brut im Jahr.

Ähnliche Art

In Trupps überwinternder Gänse tauchen auch andere „graue" Gänse auf. Am ähnlichsten ist die Saatgans (*Anser fabalis*) mit dem gelben Schnabel und einer unregelmäßigen schwarzen Spitze.

Höckerschwan

Cygnus olor E Mute Swan
Familie Entenvögel F Cygne tuberculé

Merkmale: Mit 1,52 m Länge einer der größten flugfähigen Vögel in der europäischen Vogelwelt. Gefieder bei beiden Geschlechtern rein weiß, Schnabel orangerot mit schwarzer Spitze und schwarzem Grund. Auffälliger schwarzer Höcker oberhalb der Schnabelwurzel.
Stimme: Nicht sehr ruffreudig. Zischende und schnarchende Laute bei Erregung, etwa Störungen am Nest. Singendes Flügelgeräusch bei fliegenden Vögeln.
Vorkommen: Auf allen größeren Weihern und Seen und langsam fließenden Flüssen anzutreffen; meist halbwilde Vögel. Jahresvogel. Im Winter Ausweichen auf offene Wasserflächen.
Nahrung: Ufer- und Wasserpflanzen, auch Abweiden von Gras. Nahrungssuche im Flachwasser, erreicht gründelnd 1 m Tiefe.
Brut: Baut ein umfangreiches Nest aus Schilfhalmen und anderen Wasser- und Uferpflanzen. 5 bis 8 graugrüne Eier mit weißlichem Überzug. Eine Brut, Gelege ab April.

Ähnliche Arten

An großen weißen Wasservögeln kommen in der heimischen Vogelwelt nur noch Sing- und Zwergschwan (*Cygnus cygnus* und *C. bewickii*) vor. Beide haben aber Gelb an der Schnabelwurzel.

Singschwan

Cygnus cygnus
Familie Entenvögel

E Whooper Swan
F Cygne sauvage

Merkmale: Genauso groß wie Höckerschwan, aber der Hals wird meist gerade getragen, nicht S-förmig. Kopf wirkt im Profil wegen des fehlenden Höckers flacher. Mit langgezogenem gelbem Feld an der Schnabelwurzel. Geschlechter gleich gefärbt. Junge im Dunenkleid grauer als Höckerschwäne. Im Jugendkleid hellbraun und weiß.
Stimme: Laute Trompetenrufe. Sehr ruffreudig (Name!).
Vorkommen: Brut an Weihern und Seen in der Tundra und Taiga (Brutgebiete im Norden – Skandinavien, Island). Bei uns nur Wintergast, dann an Weihern, Seen und großen Flüssen. Zur Nahrungssuche auch auf Wiesen und Feldern. Abzug im März.
Nahrung: Pflanzensamen und grüne Triebe.
Brut: Großes Nest aus Pflanzenmaterial mit tiefer Mulde, stets nahe am Wasser. 4 bis 7 gelblichweiße Eier. Gelege ab Ende April. Eine Brut im Jahr.

Ähnliche Art

Ähnlich ist der bei uns ebenfalls nur als Wintergast zu beobachtende Zwergschwan (*Cygnus bewickii*). Der Vogel ist aber im Vergleich deutlich kleiner (nur 1,22 m lang), und das Gelb an der Schnabelwurzel ist nicht so ausgedehnt wie beim Singschwan.

Rotmilan

Milvus milvus
Familie Greifvögel

E Kite
F Milan royal

Merkmale: Mit 61 cm Länge ein mittelgroßer Greifvogel. Oberseite dunkel rotbraun mit hellen Säumen der Federn. Unterseite heller rostbraun mit schwarzen Längsflecken. Kopf graubraun, fein dunkel gestreift. Männchen und Weibchen gleich gefärbt. Sowohl im Sitzen wie im Fliegen an dem tief gegabelten Schwanz zu erkennen (daher der volkstümliche Name „Gabelweihe“!). Guter Segelflieger.
Stimme: „Hiäh“-Rufe, ähnlich wie Mäusebussard. Daneben trillernde Rufe, besonders in der Paarungszeit. Sonst wenig zu hören.
Vorkommen: Bewaldete Hügellandschaft mit starkem Anteil an Gewässern, also etwa Flußtäler mit Wald und Hecken. Teilzieher.
Nahrung: Säugetiere, Vögel, aber auch Aas.
Brut: Horst aus Ästen und Zweigen auf hohen Bäumen. 2 bis 3 Eier, weißlich bis grünlich, mit unterschiedlich dichter, brauner Fleckung. Gelege ab April. Eine Brut im Jahr.

Bestimmung

Im Flug erkennt man den Rotmilan außer an dem gegabelten Schwanz („Gabelweihe“!) sehr gut an den hellen Flügelfeldern. Diese fehlen dem nahe verwandten Schwarzmilan völlig.

Schwarzmilan

Milvus migrans — E Black Kite
Familie Greifvögel — F Milan noir

Merkmale: Mit 56 cm Länge etwas kleiner als Rotmilan. Schwarzbraune Oberseite, braunrote Unterseite. Kopf graubraun. Flügel mehr oder weniger einheitlich dunkel. Schwanz wesentlich weniger tief gegabelt als beim Rotmilan. Männchen und Weibchen gleich gefärbt. Segelt mit flach ausgebreiteten Flügeln.
Stimme: Dünnes Trillern während der Brutzeit.
Vorkommen: Bewaldete Hügellandschaft mit starkem Anteil an Gewässern, also etwa Flußtäler. Stärker an Gewässer gebunden als der Rotmilan. Sommervogel (von März bis September).
Nahrung: Säugetiere, Vögel, aber auch Aas (tote Fische, die von der Wasseroberfläche oder vom Ufer aufgenommen werden).
Brut: Horst aus Ästen und Zweigen auf hohen Bäumen. 2 bis 3 Eier, weißlich bis grünlich, mit unterschiedlich dichter, brauner Fleckung. Gelege ab Mitte April. Eine Brut im Jahr.

Lebensweise

Bisweilen sammeln sich die Vögel in Gruppen um Müllkippen herum, um dort nach freßbaren Abfällen zu suchen. Sie treten dann vergesellschaftet mit Krähen und Möwen auf, die sich diese Nahrungsnische ebenfalls erschlossen haben.

Kornweihe

Circus cyaneus
Familie Greifvögel

E Hen Harrier
F Busard Saint-Martin

Merkmale: Weihen sind schlank gebaute Greifvögel, die in elegantem Segelflug niedrig über die Landschaft gaukeln und immer wieder überraschende Schwenks und Haken zeigen. Im Gleiten werden die Flügel flach v-förmig gehalten. Die Kornweihe wird zwischen 40 und 50 cm lang. Männchen grau im Gefieder, mit schwarzen Flügelspitzen. Weibchen mit brauner Oberseite und hell ockerfarbener, dunkler braun gefleckter Unterseite; Schwanz hell- und dunkelbraun gebändert. Beide Geschlechter mit auffallendem weißen Bürzel. Schnabel schwarz, Beine gelb.

Stimme: Fast nur am Brutplatz zu hören, keckernde Rufreihen, im Balzflug auch Pfeiftöne.

Vorkommen: Heidegebiete und Moore, Dünen. Jagd auch über Wiesen und Feldern. Teilzieher.

Nahrung: Kleine Säugetiere (besonders Feldmäuse) und Vögel.

Brut: Nest am Boden in der Vegetation. Brütet auch in Kornfeldern. 4 bis 6 weißliche Eier. Gelege ab Mai. Eine Brut im Jahr.

Bedrohung

Durch Verlust an Lebensraum ist die Kornweihe im Bestand sehr zurückgegangen. Beim Mähen ist auf brütende Weihen unbedingt zu achten.

Wiesenweihe

Circus pygargus
Familie Greifvögel

E Montagu's Harrier
F Busard cendré

Merkmale: Zwischen 40 und 45 cm lang, etwas kleiner als Kornweihe. Männchen grau im Gefieder, an Bauch und Schenkeln braun gestreift. Flügel mit schmaler, schwarzer Binde und schwarzen Spitzen. Weibchen mit brauner Oberseite und hell ockerfarbener, braun gefleckter Unterseite, Schwanz hell- und dunkelbraun gebändert; ganz ähnlich Kornweihen-Weibchen. Auch bei der Wiesenweihe Männchen und Weibchen mit auffallendem weißen Bürzel. Schnabel schwarz, Beine gelb mit schwarzen Krallen. Zur Balzzeit Flugspiele.
Stimme: Außerhalb des Brutplatzes nur selten zu hören.
Vorkommen: Sumpfgebiete, Moore, Heidegebiete, Kulturland. Sommervogel, bei uns von April bis September.
Nahrung: Kleine Vögel und Säugetiere, Kriechtiere, Insekten.
Brut: Nest am Boden im Pflanzenbewuchs, auch in Wiesen und Feldern. 3 bis 5 weißliche Eier. Beginn der Eiablage Mitte Mai. Eine Brut im Jahr.

Bedrohung

Durch Verlust an Lebensraum ist der Bestand der Wiesenweihe bei uns fast erloschen. Beim Mähen von Wiesen und Getreidefeldern ist auf brütende Weihen unbedingt zu achten.

Rohrweihe

Circus aeruginosus
Familie Greifvögel

E Marsh Harrier
F Busard harpaye

Merkmale: Mit 48 bis 56 cm Länge etwas größer als Korn- und Wiesenweihe. Männchen mit braunem Rücken und grauen Flügeln mit schwarzer Spitze. Unterseite rahmfarben mit braunen Flecken. Weibchen fast einheitlich dunkelbraun mit rahmfarbener Oberseite des Kopfes und rahmfarbenen Schultern. Schnabel schwarz, Beine gelb mit schwarzen Krallen. Kein weißer Bürzel.
Stimme: Keckernde und quäkende Rufe, fast nur am Brutplatz zu hören.

Vorkommen: Hauptsächlich in der Verlandungszone größerer stehender Gewässer und in ausgedehnten Sumpfgebieten. Jagd auch über freien Wasserflächen, auch über Wiesen. Sommervogel (März bis Oktober).
Nahrung: Kleine Vögel (auch Eier, Nestlinge und Jungvögel) und Säugetiere, daneben Frösche, Eidechsen, Schlangen, auch Aas.
Brut: Horst aus Schilfhalmen und anderem Pflanzenmaterial am Boden im Röhricht. 3 bis 7 Eier, weißlich oder hellblau. Gelege ab Mai. Eine Brut.

Bedrohung

Durch Verfolgung und Verlust von Feuchtgebieten ist die Rohrweihe im Bestand stark zurückgegangen.

Fischadler

Pandion haliaetus
Familie Greifvögel

E Osprey
F Balbuzard fluviatile

Merkmale: 51 bis 58 cm lang. Beide Geschlechter gleich gefärbt. Dunkelbrauner Rücken, weiße Unterseite, Kopf oben weiß mit dunkelbraunem Wangenstreifen. Schwanz braun mit dunkler Bänderung. Schnabel schwarz, Beine blaugrau. Im Flug fallen die helle Unterseite und die dunklen Flekken am Flügelbug auf.
Stimme: Am Horst durchdringend „tjipp, tjipp"-Rufe, daneben abfallende piepende Pfeiftöne.
Vorkommen: Fast immer in der Nähe größerer Gewässer. Brut überwiegend in wassernahem Baumbestand. Sommervogel (April bis September/Oktober).
Nahrung: Fast ausschließlich Fische, die an der Wasseroberfläche gegriffen werden.
Brut: Großer Horst aus Ästen und Zweigen in hohen Bäumen, in manchen Gebieten auch tiefer in Büschen oder sogar am Boden. Meist 3 weiße, bräunlich gefleckte Eier. Beginn der Eiablage im April. Eine Brut im Jahr.

Verbreitung

Fischadler kommen auf der ganzen Erde vor. Bei uns finden sie keine Überlebenschance. In Schottland gab es nach langer Abwesenheit vor einigen Jahren eine vielbeachtete Wiederansiedlung der Adler.

Jahresvogel 1

Seeadler

Haliaetus albicilla
Familie Greifvögel

E White-tailed Eagle
F Pygargue à queue blanche

Merkmale: Mit 69 bis 91 cm Länge einer der größten europäischen Greifvögel. Erwachsene Vögel einheitlich braun im Gefieder, um den Kopf und den Flügelbug herum heller braun als in den übrigen Gefiederpartien. Schwanz relativ kurz, weiß. Schnabel blaßgelb, Beine gelb, Krallen schwarz. Geschlechter gleich gefärbt. Im Flug fallen die brettartigen Flügel und der keilförmige Schwanz auf.
Stimme: Fast ausschließlich zur Brutzeit zu hören. Männchen rufen hoch „krik, krik", Weibchen tiefer „rak, rak".
Vorkommen: Ruhige Binnengewässer. Auch an Meeresküsten. Jahresvogel; zur Zugzeit und im Winter Vögel aus dem Norden.
Nahrung: Fische, Vögel, Säugetiere entsprechender Größe. Daneben tote Fische und Fallwild.
Brut: Horst bei uns stets auf hohen Bäumen. Mächtiger Bau aus Ästen und Zweigen. Plattform meist mit feinerem Pflanzenmaterial ausgelegt. 1 bis 3 weiße Eier. Gelege schon ab Mitte Februar. Eine Brut im Jahr.

Bedrohung / Hilfsmaßnahmen

Um die wenigen in unserem Land verbliebenen Brutpaare zu erhalten, sind aufwendige Schutzmaßnahmen nötig. Eiersammler und Vogelhändler sind immer noch eine Gefahr.

Kranich

Grus grus
Familie Kraniche

E Crane
F Grue cendrée

Merkmale: Mit 1,15 m Länge einer der größten europäischen Vögel. Durchgehend graues Gefieder. Kopf mit schwarzer Stirn, rotem Scheitel und schwarzem Nacken. Hals an den Seiten weiß, schwarzer Streifen vom Kopf bis zur Mitte des Halses. Am Hinterende bogenförmig fallende Schmuckfedern. Fliegt mit ausgestrecktem Hals, Zug in Keilformation.
Stimme: Laut trompetend „krukru“, weithin hörbar.
Vorkommen: Ausgedehnte Sumpfgebiete, Moore. Auf dem Zug auf Wiesen und Feldern einfallend oder rastend. Im Winterquartier auch in flachen Lagunen. Sommervogel; in Mitteleuropa von Februar/März bis Oktober.
Nahrung: Pflanzensamen (Getreide), Kartoffeln, Beeren, Kleintiere, auch kleine Wirbeltiere.
Brut: Umfangreicher Horst aus Pflanzenmaterial, auf feuchtem Grund am Boden. Meist mit freiem Ausblick nach allen Seiten. 2 Eier, oliv- oder rötlichbraun mit graubrauner Fleckung. Gelege ab April/Mai. Eine Brut im Jahr.

Bedrohung / Verbreitung

Durch Verlust an Feuchtbiotopen und Störungen ist der Brutbestand des Kranichs bei uns sehr zurückgegangen. In Skandinavien noch gute Bestände; diese Vögel ziehen regelmäßig bei uns durch.

Unsere Vögel sind bedroht

Lange Zeit hat man kaum bemerkt, daß hier ein Vogel nicht mehr sang, dort nicht mehr brütete, daß die gesamte Vogelwelt verarmte. Dann brachte im Jahr 1962 die amerikanische Biologin Rachel Carson ihr aufrüttelndes Buch „Silent Spring" – in der deutschen Ausgabe „Der stumme Frühling" – auf den Markt. In diesem Buch ist der Frühling ohne die Rufe und Gesänge unserer Vögel makabres Zeichen für die immer stärker um sich greifende Vergiftung der Landschaft mit Pestiziden. Damals löste das Buch heftige Kontroversen aus, griff die mutige Frau doch eine mächtige Industrie an. Heute wissen wir, wie recht Rachel Carson gehabt hat. Die Probleme, die die amerikanische Biologin vor nunmehr einem Vierteljahrhundert angepackt hat, sind aktueller als jemals zuvor. Zu den Pestiziden sind andere Schadstoffe getreten, weitere Faktoren wirkten auf die Natur ein, und die Natur- und Umweltschutzproblematik hat mittlerweile eine weltweite Dimension bekommen.

Immerhin haben wir heute wenigstens eine verläßliche Beschreibung der Bedrohung unserer Tier- und Pflanzenwelt vorliegen. Dieses Werk heißt „Rote Liste der gefährdeten Tiere und Pflanzen in der Bundesrepublik Deutschland", in der ersten Auflage von 1977 noch ein schmales Bändchen von 68 Seiten, in der vierten Auflage von 1984 ein ausgewachsenes Buch von 272 Seiten. Hier ist alles verzeichnet, was die Biologen und Naturschützer damals über den Gefährdungsgrad von Tieren und Pflanzen in unserem Land wußten – eine beeindruckende Arbeit und eine traurige Bilanz zugleich. Kennzeichen der „Roten Liste" ist die Zuordnung der Arten zu Gefährdungskategorien. Die in diesem Naturführer beschriebenen Vogelarten (Brutvögel, Vermehrungsgäste, Durchzügler und Wintergäste) sind nach der 6. Fassung der Roten Liste vom 1. 1. 1987 wie folgt einzuordnen:

Kategorie 0
= Ausgestorben oder verschollen:
Fischadler
Seggenrohrsänger

Kategorie 1
= Vom Aussterben bedroht:
Schwarzhalstaucher
Zwergrohrdommel
Große Rohrdommel
Weißstorch
Schwarzstorch
Moorente
Gänsesäger
Seeadler
Kornweihe
Wiesenweihe
Birkhuhn
Kranich
Zwergsumpfhuhn
Kleines Sumpfhuhn
Goldregenpfeifer
Waldwasserläufer
Bruchwasserläufer
Flußuferläufer
Kampfläufer
Trauerseeschwalbe
Flußseeschwalbe
Sumpfohreule
Drosselrohrsänger
Blaukehlchen

Kategorie 2
= Stark gefährdet:
Kormoran
Krickente
Spießente
Knäkente

Löffelente
Schellente
Tüpfelsumpfhuhn
Bekassine
Großer Brachvogel
Uferschnepfe
Rotschenkel
Eisvogel
Rohrschwirl
Schilfrohrsänger
Bartmeise

Kategorie 3
= Gefährdet:
Rothalstaucher
Zwergtaucher
Schnatterente
Rotmilan
Schwarzmilan
Wasserralle
Kiebitz
Uferschwalbe
Schafstelze
Wasseramsel
Beutelmeise

Kategorie 4
= Potentiell gefährdet:
Graureiher
Purpurreiher
Nachtreiher
Kolbenente
Mittelsäger
Rohrweihe
Wasserpieper

I Vermehrungsgäste
Löffler
Pfeifente
Stelzenläufer
Weißflügelseeschwalbe
Weißbartseeschwalbe

II Gefährdete Wandertiere, Wintergäste usw.
Ohrentaucher
Silberreiher
Seidenreiher
Singschwan
Zwergschwan
Zwergsäger
Regenbrachvogel
Pfuhlschnepfe

Hier soll nicht weiter auf mögliche Probleme der Einordnung dieser oder jener Vogelart in diese oder jene Kategorie eingegangen werden, nur soviel: Die „Rote Liste" zeigt insgesamt ganz klar die Gefährdung vieler bei uns heimischer Vogelarten auf. Als „ausgestorben oder verschollen" gelten (Stand 1. 1. 1987) immerhin 18 Vogelarten. „Vom Aussterben bedroht" sind 41 Arten, „stark gefährdet" sind 37 Arten, „gefährdet" sind 24 Arten, und weitere 24 Arten sind „potentiell gefährdet". Insgesamt stehen rund 60% der Vogelarten der Bundesrepublik auf der Roten Liste.

Erschreckend ist dabei die hohe Zahl an Arten, deren Vorkommen an Feuchtgebiete gebunden ist.

Wie die Frage der Einstufung der einzelnen Vogelarten in die Gefährdungskategorien würde die Frage nach den Ursachen der Verarmung der Vogelwelt in Mitteleuropa eigentlich ebenfalls eine sehr differenzierte Antwort erfordern. Sie kann sich hier jedoch nur auf einige Faktoren beschränken. Zum einen greift die Belastung unserer Umwelt mit Pestiziden, Schwermetallen und anderen Schadstoffen und die damit beispielsweise in engem Zusammenhang stehende Vernichtung der Nahrungsgrundlage vieler Insektenfresser weiter um sich. Zum anderen nimmt die Beseitigung von wichtigen Kleinbiotopen in der freien Landschaft, aber auch in den Dörfern und Städten, immer mehr zu, und zum dritten – und wesentlichen – geht die sogenannte Flurbereinigung munter weiter, die Landschaft wird weiter ausgeräumt. Lebensräume werden in unserem Land zwar schon seit Jahrhunderten verändert, mit ungeheuer erhöhtem Tempo aber besonders seit den fünfziger Jahren. Die Verfasser der „Roten Liste" nennen denn auch vor allem folgende wichtige Ursachen für die starke Gefährdung der Vogelwelt:

1. Entwässerung von Feuchtgebieten, wasserbauliche Maßnahmen an Seen, Flüssen und Bächen, Gewässerverschmutzung,

2. flächendeckende und intensive Nutzung des Grün- und Ackerlandes mit den entsprechenden Begleiterscheinungen wie Flurbereinigung, Aufgabe extensiver Methoden zugunsten großflächiger Monokulturen, Düngung, Einsatz von Pflanzenschutzmitteln,

3. großflächige Umwandlung der Wälder in Monokulturen, Aufforstung von trockengelegten Moorflächen, von Heide- und Wiesenflächen.

Man kann also summarisch eine großräumige Vernichtung von Lebensräumen feststellen. Besonders stark sind hierbei die Feuchtgebiete betroffen. Karten etwa, die die Moorflächen in Norddeutschland um 1800 und heute im Vergleich zeigen, machen das ganze Ausmaß dieser dramatischen Entwicklung deutlich. Und von den in unserem Land verbliebenen 8700 km^2 Moorfläche standen Ende 1982 lediglich 182 km^2 unter Naturschutz! Dies muß natürlich massive Auswirkungen auf den Vogelbestand haben; eine starke Verarmung der gesamten Pflanzen- und Tierwelt – hier der Moore – ist die unausbleibliche Folge.
Auf all die negativen Konsequenzen unserer Lebens- und vor allem Wirtschaftsweise haben wir viel zu langsam reagiert. Heute sind wir endlich soweit, zu begreifen, daß es so nicht weitergehen kann, daß Natur- und Umweltschutz Zukunftsaufgaben sind, die unbedingt bewältigt werden müssen. Aber zwischen dem Erkennen einer Gefahr und dem konkreten Verändern einer Situation liegen leider Welten.

Deshalb sollte sich heute jeder konsequent für die Natur einsetzen und entsprechende Gegenmaßnahmen bis hin zu verbesserten gesetzlichen Regelungen fordern. Jeder einzelne kann auf durchaus sinnvolle Weise im Natur- und Umweltschutz – insbesondere im Vogelschutz – tätig werden. Selbst kleine Aktivitäten können den Vögeln helfen, in unserer so vogelfeindlichen Umwelt zu überleben.

Singschwan

Zwergschwan

Rettet die Vögel!

Will man der Verarmung unserer Vogelwelt wirksam Einhalt gebieten, so ist ein Umdenken in unserer Gesellschaft, sind konkrete Schritte notwendig. Einiges ist zwar im Naturschutzgesetz festgehalten, ein Gesetz kann aber immer nur den Rahmen schaffen, aus dem Weiteres folgen muß. So wurden und werden beispielsweise auf gesetzlicher Grundlage Landschaftsschutzgebiete, Naturschutzgebiete und Nationalparks eingerichtet, um die Reste ursprünglicher Natur für folgende Generationen zu bewahren. Dies ist sicher notwendig, nur müßten die Schutzgebiete – sollen sie sinnvoll sein – ganze Ökosysteme schützen. Mit anderen Worten, sie müssen genügend große Flächen umfassen. Dies ist aber im dicht besiedelten Mitteleuropa oft nur unter Lösung erheblicher Probleme zu verwirklichen. Da Schutzgebiete von einer Größe im Hektarbereich andererseits der Verarmung unserer Pflanzen- und Tierwelt auf Dauer nicht entgegenwirken können, sind Konflikte bei der Einrichtung vorprogrammiert.

Daneben muß versucht werden, im Umgang mit Natur und Landschaft allgemein neue Wege zu gehen. Die Verwandlung von Teilen unserer Landschaft in Agrarsteppen, Industrieflächen oder Verkehrswege muß gestoppt oder von Fall zu Fall sogar rückgängig gemacht werden, wenn die Natur langfristig eine Chance zum Überleben haben soll. Jede im Zuge der Flurbereinigung verschwundene Schlehenhecke bedeutet verlorene Brutplätze für Goldammer, Dorngrasmücke und Neuntöter. Wird eine Hecke neu angelegt, können sich die genannten Vögel wieder ansiedeln. Jede nicht mit Bauschutt aufgefüllte, sondern renaturierte Kiesgrube kann zum Lebensraum für die Uferschwalbe werden. In einer erhaltenen oder wiederhergestellten Feuchtwiese können Kiebitz, Uferschnepfe, Brachvogel und Rotschenkel brüten. In jedem Weiher, der nicht zu einer wilden Müllkippe verkommt, können Teichhuhn und Zwergtaucher ihre Jungen aufziehen. Kurz: Es gibt viele kleine Gebiete, die in naturnahem Zustand erhalten oder wieder in einen solchen Zustand versetzt werden können.

Hier müßten vor allem die Gemeinden tätig werden. Tatsächlich wird die Initiative aber oft den Natur- und Umweltschutzverbänden oder gar engagierten Privatpersonen überlassen. Auch konkrete Schutzprojekte für einzelne Arten werden häufig von Verbänden und Vogelfreunden in eigener Regie durchgeführt. Ohne diese Initiativen sähe es im Vogelschutz wohl recht finster aus. Angesichts der Geldmengen, die in unserem Land ausgegeben werden, ist es aber beschämend, daß wesentliche Probleme, die unsere Lebensweise mit sich bringt, von freiwilligen, ehrenamtlich tätigen und oft unbezahlten Helfern angepackt werden. Andererseits kann man nicht immer warten, bis sich die Verwaltung in Bewegung setzt. Man muß selbst aktiv werden. Und da es sich gemeinsam besser für die Vogelwelt streiten läßt, sollte der Weg vielleicht zu einer der im Natur- und Umweltschutz aktiven Gruppen führen.

Literatur

Bergmann, H.-H., & H.-W. Helb (1982): Stimmen der Vögel Europas. BLV Verlagsgesellschaft, München.

Berthold, P., E. Bezzel & G. Thielcke (1974): Praktische Vogelkunde, Kilda-Verlag. Greven.

Bezzel, E. (1977): Ornithologie. Verlag Eugen Ulmer, Stuttgart (UTB).

Bezzel, E. (1982): Mein Hobby: Vögel beobachten. BLV Verlagsgesellschaft, München.

Bezzel, E. (1983): Vögel 1 – Singvögel.

– (1984): Vögel – Band 2: Spechte, Eulen, Greifvögel, Tauben, Hühner u. a.

– (1985): Vögel – Band 3: Taucher, Entenvögel, Reiher, Watvögel, Möwen u. a.
BLV Verlagsgesellschaft, München.

Blab, J., E. Nowak, W. Trautmann & H. Sukopp (1984): Rote Liste der gefährdeten Tiere und Pflanzen in der Bundesrepublik Deutschland. Kilda-Verlag, Greven.

Bruun, B., A. Singer & C. König (1986): Der Kosmos-Vogelführer – Die Vögel Deutschlands und Europas. Franckh'sche Verlagshandlung, Stuttgart.

Burton, R. (1985): Das Leben der Vögel. Franckh'sche Verlagshandlung, Stuttgart.

Heinzel, H., R. Fitter & J. Parslow (1972): Pareys Vogelbuch. Verlag Paul Parey, Hamburg/Berlin.

Jorek, N. (1980): Vogelschutz-Praxis. Herbig Verlagsbuchhandlung, München.

Kalchreuter, H. (1987): Wasserwild im Visier. BLV Verlagsgesellschaft, München.

Nicolai, J. (1982): Fotoatlas der Vögel. Verlag Gräfe und Unzer, München.

Nicolai, J., D. Singer & K. Wothe (1984): Großer Naturführer Vögel. Verlag Gräfe und Unzer, München.

Peterson, R. T., G. Mountfort & P. A. D. Hollom (1973/1976): Die Vögel Europas. Verlag Paul Parey, Hamburg/Berlin.

Pott, E. (1984): Bach – Fluß – See. BLV Verlagsgesellschaft, München.

Pott, E. (1984): Moor und Heide. BLV Verlagsgesellschaft, München.

Pott, E. (1985): Mein Hobby: Natur fotografieren. BLV Verlagsgesellschaft, München.

Roché, J. C. (1986): Die Vogelstimmen Europas. Franckh'sche Verlagshandlung, Stuttgart.

Sauer, F. (1982): Steinbachs Naturführer – Landvögel.

– (1982): Steinbachs Naturführer – Wasservögel.
Mosaik Verlag, München.

Schildmacher, H. (1982): Einführung in die Ornithologie. Gustav Fischer Verlag, Stuttgart.

Thielcke, G. (1970): Vogelstimmen. Springer-Verlag, Berlin.

Hilfreiche Adressen

In der Bundesrepublik Deutschland:

Deutsche Ornithologen Gesellschaft
Natur-Museum Senckenberg
6000 Frankfurt/Main

Deutscher Jugendbund für Naturbeobachtung
Mühlendamm 84 a
2000 Hamburg 76

Deutscher Bund für Vogelschutz
Am Hofgarten 4
5300 Bonn 1

Institut für Vogelforschung
„Vogelwarte Helgoland"
An der Vogelwarte 21
2940 Wilhelmshaven 15

Vogelwarte Radolfzell
Schloß Möggingen
7760 Radolfzell 16

Institut für Vogelforschung
Gsteigstraße 43
8100 Garmisch-Partenkirchen

In Österreich:

Österreichische Gesellschaft für Vogelkunde
Naturhistorisches Museum
A-1010 Wien

In der Schweiz:

Schweizerische Gesellschaft für Vogelkunde und Vogelschutz
Kernstraße 27
CH-8406 Winterthur

Schweizerische Vogelwarte
CH-6204 Sempach

Register

Vögel auf dem offenen Wasser